谨将本书献给

从事产品制造、进行产品消费的人们……

经编流行研究与发布
（2014—2021）

——兼论针织艺术学

林光兴◎著

中国纺织出版社有限公司

内 容 提 要

在带领团队对经编流行趋势进行长期深度研究的基础上，2014—2021 年，作者主导开展了针对经编间隔、成型、绒类、花边、网眼、弹力、棉制等大类产品的专项流行研究与发布。这一活动紧贴行业的热点与重点，较好地实现了"引导技术开发、引导工艺完善、引导产品制造、推动产品应用、推动消费拓展、推动产业提升"的目标，诠释了"产品设计与应用（消费）互动"理念，丰富了针织艺术学的内涵。本书概要展示了经编流行研究与发布的核心内容，总结了优化产品引导消费的基本经验。

本书适合从事产品设计、流行研究，或者针织及相关领域从事技术指导与艺术教学的人员阅读参考。

图书在版编目（CIP）数据

经编流行研究与发布：2014—2021：兼论针织艺术学 / 林光兴著 . -- 北京：中国纺织出版社有限公司，2024.12

ISBN 978-7-5229-1713-9

Ⅰ．①经… Ⅱ．①林… Ⅲ．①经编工艺－研究 Ⅳ．①TS184.3

中国国家版本馆 CIP 数据核字（2024）第 081029 号

责任编辑：孔会云 朱利锋 责任校对：高 涵
责任印制：王艳丽

中国纺织出版社有限公司出版发行
地址：北京市朝阳区百子湾东里 A407 号楼 邮政编码：100124
销售电话：010—67004422 传真：010—87155801
http://www.c-textilep.com
中国纺织出版社天猫旗舰店
官方微博 http://weibo.com/2119887771
北京通天印刷有限责任公司印刷 各地新华书店经销
2024 年 12 月第 1 版第 1 次印刷
开本：710×1000 1/16 印张：12.5
字数：145 千字 定价：58.00 元

20 世纪 90 年代中期，本书作者正式提出针织艺术学、工业产品（以针织品为例）设计学、产业分析学等学科的学科理念、学科定义及基本内容（包括研究范围、研究重点等），并以组织授课、讲座、指导和学术交流等形式进行传播，指导实践，丰富了理论，再指导实践，不断进步，不断升华，获得很大成功。

针织艺术学有机地融合了针织工艺与艺术设计等多方面的内容，逐步形成较为完整的学科体系。针织艺术学应用于行业实践的显著形式之一就是指导设计与开发，其中指导经编流行研究与发布较为突出。经编流行研究与发布是行业的示范工程：基于经编专业知识和大量的设计素材，根据产销与需求信息，通过建模等方式对于经编大类产品（包括特色产品、正在蓄势的产品、风靡一时的产品等）提出流行判断，从而引导生产与销售，做到准确、长效。这项工作吸引了许多相关单位的积极参与，也得到业内外的广泛关注。《经编流行研究与发布（2014—2021）——兼论针织艺术学》一书，阐释了针织艺术学的核心思想，记录了经编流行研究与发布的核心理念部分，也是作者长期以来从事产品开发、领导团队和指导行业从事产品开发的一次战略性总结。

本书作者以敏锐的目光、宽广的视野，应用针织艺术学的基本原理，将推动行业时尚设计提升和设计人才培育融入协会工作之中，做了大量卓有成效的工作，为行业的提质增效做出重要贡献。在行业服务层面，开展时尚设计研讨，推出时尚导向，发布相关的关键生产技术，并开展多种方式的培训——形成长久的行业公益；在企业服务层面，帮助众多企业进行具体的市场分析，针对性改进产品设计，优化生产工艺——成为协会的经常性工作。

以新学科指导行业工作，开创了行业先河，也体现出本书作者丰富的实践经验、深厚的理论功底。这是一项启示性、创新性的工作，意义重大，意义深远——行业切实需要加强新兴学科、交叉学科建设，培育高水平的设计师队伍和研发队伍，促进专精特新产品生产和产品结构优化，促进先进制造、先进服务与先进业态的融合与提升，推进现代化产业体系建设，为制造业强国建设做出新的更大贡献。

中国纺织工业联合会党委书记　高勇

2022 年 1 月 1 日

　　21 世纪以来，经编技术得到融合发展，经编产品得到融合拓展。然而，2007 年首次开展的经编行业大调研显示：经编行业存在产品设计与制造明显滞后于市场需求的现象。于是，我于 2008 年开始组织行业内外的力量开展产品流行趋势研究与发布，开展技术发展趋势研究与发布。参与单位开始时有设计、制造和应用领域的代表，以及院校、协会和研发机构的代表，后来原料、机械等诸多领域的代表也参与进来。

　　经编流行研究与发布的基本目标是：从破解"消费者有钱常常买不到心仪的东西，制造者未必能推敢推好的东西"的现实问题出发，对于经编产品的使用者，实现"买得到、用得好"；对于经编产品的制造者，实现"卖得出、做得好"。工作围绕切实科学"引导技术开发、引导工艺完善、引导产品制造、推动产品应用、推动消费拓展、推动产业提升"的方针展开，涉及产品设计、技术研发、发布实施、应用推广等——不是简单的"搭台"，关键是"唱戏"。

　　在流行研究与发布取得一定经验和实力的基础上，2014—2021年，开展了针对经编间隔、成型、绒类、花边、网眼、弹力、棉制等大类产品的专项研究与发布。工作的核心依然是开展基础研究、突出原创开发，组织产品设计与应用的高效互动，推动产业链供应链现代化水平的提升；同时，融合应用网络化、智能化、数字化技术，示范性推进行业生产性服务业的服务拓展与产业提升……关键是形成现实的先进生产力。

经编流行研究与发布带来了优质（精品化）、高端、个性化产品供给的大幅度增长，助力行业"强生健体""减肥增壮"的效果明显，推动行业增加值的质量提升。由此引导一批优势企业设立和完善行业性设计研发中心（工作室）、人才培训中心及国际营销中心等，助力行业设计、研发和营销人才队伍建设的推进。

经编流行研究与发布诠释了一些新理念，梳理了一些新观点。主要有：设计的三大内涵（正确设计、优化设计、高效设计），质量的三大内涵（设计质量、制造质量、使用质量），以及如何杜绝三个无效（无效设计、无效研发、无效创新）。

经编流行研究与发布深入运用针织艺术学的基本原理，同时丰富这一学科的基本内涵，服务这一学科的体系建设。

经编流行研究与发布是从战略的高度代表行业主动作为，引导行业完善设计与提升制造，推进行业供给侧结构性改革，落实行业创新驱动发展战略的重要尝试。

林光兴

2022 年 1 月 1 日

目录 CONTENTS

关于针织流行研究的研究 ·· 001

　话题一　发展行业新学科——针织艺术学 ······················· 002

　话题二　针织流行的精髓探索——艺术与科技互动 ··········· 013

　话题三　针织流行研究的底层示例——经编花边的流行研究 ··· 020

第一篇　经编间隔织物 ·· 025

　※ 2014"间隔"试发布
　　2015/2016 经编间隔织物流行趋势试发布 ····················· 026

　※ 2015"间隔"发布
　　2016/2017 经编间隔织物流行趋势发布 ······················· 030

　※ 2016"间隔"发布
　　2017/2018 经编间隔织物流行趋势发布 ······················· 033

　※ 2017"间隔"发布
　　2018/2019 经编间隔织物行业流行趋势发布 ·················· 044

　※ 2018"间隔"发布
　　2019/2020 经编间隔织物行业流行趋势发布 ·················· 048

　※ 2019"间隔"发布
　　2020/2021 经编间隔织物流行趋势发布 ······················· 052

　※ 2020"间隔"发布
　　2021/2022 经编间隔织物流行趋势发布 ······················· 058

※ 2021"间隔"发布
2022/2023 经编间隔织物流行趋势发布 …………………… 060

第二篇　经编成型产品 ………………………………… 065

※ 2015"成型"发布
2016/2017 高端经编成型产品流行趋势发布 …………… 066

※ 2016"成型"发布
2017/2018 高端经编成型产品流行趋势发布 …………… 072

※ 2017"成型"发布
2018/2019 高端经编成型产品流行趋势发布 …………… 078

※ 2018"成型"发布
2019/2020 高端经编成型产品流行趋势发布 …………… 082

※ 2019"成型"发布
2020/2021 高端经编成型产品流行趋势发布 …………… 086

※ 2020"成型"发布
2021/2022 高端经编成型产品流行趋势发布 …………… 091

※ 2021"成型"发布
2022/2023 高端经编成型产品流行趋势发布 …………… 094

第三篇　双针床经编绒类产品 ………………………… 101

※ 2016"绒类"发布
2017/2018 双针床经编绒类产品流行趋势发布 ………… 102

※ 2017"绒类"发布
2018/2019 双针床经编绒类产品流行趋势发布 ………… 107

※ 2018"绒类"发布
2019/2020 双针床经编绒类产品流行趋势发布 ………… 113

※ 2019"绒类"发布
2020/2021 双针床经编绒类产品流行趋势发布 ………… 116

※ 2020"绒类"发布
2021/2022 双针床经编绒类产品流行趋势发布 ………… 120

※ 2021 "绒类" 发布
2022/2023 双针床经编绒类产品流行趋势发布 ⋯⋯⋯⋯⋯⋯⋯ 123

第四篇　经编花边 ⋯⋯⋯⋯⋯⋯⋯⋯⋯⋯⋯⋯⋯⋯⋯⋯⋯⋯⋯⋯ 131

※ 2017 "花边" 发布
2018/2019 经编花边流行趋势发布 ⋯⋯⋯⋯⋯⋯⋯⋯⋯⋯ 132

※ 2018 "花边" 发布
2019/2020 经编花边流行趋势发布 ⋯⋯⋯⋯⋯⋯⋯⋯⋯⋯ 137

※ 2019 "花边" 发布
2020/2021 经编花边流行趋势发布 ⋯⋯⋯⋯⋯⋯⋯⋯⋯⋯ 141

※ 2020 "花边" 发布
2021/2022 经编花边流行趋势发布 ⋯⋯⋯⋯⋯⋯⋯⋯⋯⋯ 147

※ 2021 "花边" 发布
2022/2023 经编花边流行趋势发布 ⋯⋯⋯⋯⋯⋯⋯⋯⋯⋯ 151

第五篇　网眼、弹力、棉制等类经编织物 ⋯⋯⋯⋯⋯⋯⋯⋯ 159

※ 2017 "网眼" 发布
2018/2019 网眼类经编面料行业流行趋势发布 ⋯⋯⋯⋯⋯ 160

※ 2018 "弹力" 发布
2019/2020 弹力类经编面料行业流行趋势发布 ⋯⋯⋯⋯⋯ 165

※ 2018 "网眼" 发布
2019/2020 网眼类经编面料行业流行趋势发布 ⋯⋯⋯⋯⋯ 168

※ 2019 "网眼" 发布
2020/2021 网眼类经编面料行业流行趋势发布 ⋯⋯⋯⋯⋯ 172

※ 2019 "短纤纱" 发布
2020/2021 短纤纱经编织物流行趋势发布 ⋯⋯⋯⋯⋯⋯⋯ 179

※ 2020 "网眼" 发布
2021/2022 网眼类经编面料行业流行趋势发布 ⋯⋯⋯⋯⋯ 181

※ 2020 "棉制" 发布
2021/2022 棉制经编面料行业流行趋势发布 ⋯⋯⋯⋯⋯⋯ 183

※ 2021 "网眼"发布
2022/2023 网眼类经编面料行业流行趋势发布 ……………………… 185

※ 2021 "短纤纱"发布
2022/2023 短纤纱经编织物流行趋势发布 ……………………… 187

关于针织
流行研究的研究

针织流行研究带来一些研究性的思考，主要是关于针织产品开发与应用过程中科技与艺术互动的思考，特别是针织艺术学的学科本质和学科建设的思考。

话题一

发展行业新学科——针织艺术学

针织艺术学是一个精巧的学科，在针织门类和艺术门类中都能够成为一个独立学科，是一种产业发展的必然。

一、针织设计艺术的实践

（一）针织艺术学起步

1. 正式提出

针织艺术的积极践行始于 20 世纪 80 年代末，针织的实践也实证了科技与艺术融合的有规律性。我总结自身实践的体会，在一些企业、产业集群地区和行业性活动中多次提出针织艺术学的理念，讲授针织艺术学的框架。1996 年，我在中国针织工业协会的理事会及协会秘书处工作会议上正式提出"针织艺术学"的基本定义，提出学科建设的一些措施和相关建议，得到政府部门的支持，也得到一些企业和院校的响应。这一学科的正式提出与学科推行工作就此逐步开启。

定义（1996 年提出）：针织艺术学是研究针织设计（包括针织结构设计、针织品设计及相关设计）的艺术内容、艺术表现及艺术方法的学科。重点研究针织设计的艺术内涵，涵盖针织设计过程中实现艺术价值的方法，针织品作为中间产品和最终产品展现（或蕴含）的艺术精髓。

2. 较早传播

传播途径包括院校传播、企业传播和相关传播。在天津工业大学等院校（包括职业学院）的一些公开课和讲座上，我多次从实践和理论的角度宣传、讲解针织艺术学。2000年初，北京服装学院正式提出针织设计专业建设，后来组成该专业的第一个班（20多名学生从设计专业中遴选），我在给首批学生上第一课时初步讲解了针织艺术学。企业传播主要针对产品设计和工艺改进进行。相关传播涉及诸多应用区域、领域，例如江苏梅李、浙江象山、福建晋江、广东张槎等集群地区，在各自的主流、主导产品设计和工艺设计中自觉应用针织艺术学的原理。

传播中"针织艺术学"的课程设计：针织结构的艺术设计，针织品的艺术设计；针织设计本身的艺术体现，针织最终产品的艺术展示；针织自身的艺术，与针织相关的艺术；针织艺术的造就，针织艺术的展示；针织艺术的现实价值，针织艺术的潜在价值；针织艺术的发展历程与作用，针织艺术的发展规律与趋势。传播本专业要解决的问题包括：如何研究？如何普及？如何提升？

3. 一些体会

早期讲解与正式提出"针织艺术学"是互动互进的，体会是针织艺术学的创始实践性比较早、比较长久，也比较深入，而上升到理论则比较晚。创始实践在企业，更在产业集群，实践多于理论。

针织艺术学首先是实践的学科，是在应用针织科技开发产品的实践中提出雏形，并在实践中不断丰满，与相关理论结合中不断完善的。

针织艺术可以通过针织科技去实现，针织科技可以完善针织技术；针织艺术又可以让针织科技更完善地应用，可以引导针织科技的深化。

（二）针织设计被动地和主动地涉及艺术

20 世纪 90 年代前，我国针织企业就应用针织艺术，一些企业（特别是花边企业）还建立了艺术框架。从早期产品设计看，"被动地"体现在针织设计需要艺术的指导，"主动地"体现在针织的艺术设计可以带来艺术水平的提升。

1.针织时尚设计的历程（几个事件）

（1）针织设计自我成长的历程——时尚的策划，涵盖的工艺和产品系列有：平素、提花、绒类、弹力系列，轴向经编系列，间隔系列，大提花系列，成型系列。

（2）针织设计服务社会的历程——时尚的应用，面向国民经济的应用：装饰面料的兴起（1980 年代），服务于亮化美化等多项工程（1995 年以后），T 恤衫、文化衫的风靡（1990 年代），家居用品的革新（2000 年代），多领域的材料应用（2010 年代）（鞋材、风能、车船、航天）。

2.针织设计的工作内容与工作的完成者

针织设计需要技术与艺术的结合，即通过艺术的原理与针织的工艺结合，得出具有艺术含量和科技含量的针织品，因此需要由从事针织工艺设计的工程师与从事针织产品设计的设计师完成。

（三）针织设计者对于艺术的理解

设计包括制造工艺设计和艺术设计。

1.认识时尚

时尚就是一定时期社会的崇尚、共同的遵从，具备开创性、引领性、较大覆盖面及较高品位，但不必高端、奢侈。

就针织而言，必须积极向上，体现健康生活和社会潮流；不断进步，展现设计潜质和艺术含量。

2. 基于科技

工艺积累，同时当今科技开发与应用带来制造上的便捷与高效，也带来美的拓展与审美的提升。针织技术在追求卓越中不断不自觉地创造时尚，又在时尚应用中完善针织科技本身；这两方面形成互动，拓展行业对于时尚、对于艺术的理解。

就针织而言，必须推陈出新，展现多样结构和丰富性能；继续激励，孕育更高效率和更强功能。

二、针织工艺学自然地延伸到针织艺术学

针织利用工具及原材料完成产品的加工过程，实现产品的基本使用价值，这里强调方法的科学性与经济的合理性，追求先进与卓越。与此同时，从审美角度，强化某个主题，追求视觉、触觉等的理想境界，实现产品的时尚提升，增加产品的附属使用价值（有效的艺术附加值）。

针织艺术学是在完善工艺基础上，研究针织品的艺术潜质、艺术价值等的延伸学科。从最终产品看，针织品本身就是艺术的载体，针织品就是艺术品，开发这类产品必然需要艺术来做支撑。

（一）针织艺术学在艺术学中的定位

这一学科开拓了艺术新领域。

成圈、集圈、浮线三种基本结构单元，连续整数倍的基本单元（纵向的、横向的）组合。这些针织结构的基本单元既是"色"点，又是"形"点，这个点自身内部还可以富于变化。加上各种提花方式，各种换纱（调线）方式，各种处理局部线圈（移圈）方式，各种处理整体线圈（压纱压针）方式，各种……针织固有设计元素定然是十分丰富的。

1. 艺术定位

针织艺术在艺术体系中属于造型艺术，色彩与造型的统一，是综合的艺术学科；涉及美学、心理学等，与表演、语言、综合艺术相邻。例如，从花边与贾卡的设计看，针织艺术学是色彩与纹路结合的视觉艺术；从绒类与间隔设计看，针织艺术学是形状与结构结合的构造艺术。

针织艺术学是关于艺术的学科，是关于制造产品艺术（至少关乎产品的附加值）的学科；是关于设计的学科，是关于针织设计（至少关乎艺术元素的有效应用）的学科。针织艺术学更多属于设计艺术学，相关于服装与服饰设计艺术学，自立于面料与辅料设计领域。针织艺术学必须而且必然持续地发展。

2. 研究方法

针织艺术学是研究针织艺术的，研究方法应当不拘一格。借鉴实例：对外界感悟与自身修养等相结合，可以借鉴许多思维方法，如大象无形，上善若水，冷静而利万物就是崇高的境界，其中最有效力的解决问题的办法值得借鉴；易经 8 卦（三维空间）、64 卦（卦的细分，还是三维，先贤也不太懂大于三维），其中的分类思维方式及对应的平衡性分析，解决突出矛盾的方法，特别是综合性解决问题的方法，都可借鉴。当然牵强结合或者被演绎成迷信则不可取。

针织本身元素丰富，不包括后处理等带来的元素，因此针织产品设计必将很有潜力。从大而言，必须以工艺为根本，需要美术学作功底（绘画，乃至雕塑作为参考）；从小而言，还可以从形与色的交融、渗透……去研究设计针织中间品、最终的针织品。

3. 初步内容

学科内容至少应当包括：针织组织的结构艺术，这是学科的艺术基础；针织及针织品的艺术设计，这是学科的主要内涵；针织品的应用艺术，这是学科的应用拓展；针织及针织品的设计艺术，这是学科的艺术提升（从艺术角度研究针织品）；针织品的艺术评价，这是针

织品的价值评价；针织及针织行业的艺术实践，这是学科发展的必然
要求……

学科研究与应用早期涉及产品的工艺提升与使用提升，如花纹
设计与色彩风格等艺术组合提高了产品品种拓展的可能性（1990 年
代），如基于使用的针织物风格与性能设计大幅提高终端产品艺术含
量（2000 年代），等等。

4. 一般体会

设计灵感来自社会与自然，写实与夸张互补，具体与抽象结合，
形似而神近……大胆从造型艺术、产品艺术等方面确定研究内容。

对于设计，使现有的更加丰富，使未有的崭露头角；出彩的未必
浓烈，平淡的也能出彩；自身的力量可以构成一种"大"，联合的力
量一定结成多种"强"；新的必然变成旧的，旧的可以重返新的……
对技术与产品进行构造、组合、调整……设计就会带来艺术，或者说
也就是艺术——这是哲学思想。

（二）针织艺术学的艺术框架

针织艺术涵盖织的结果的艺术和织的过程（主要包括方法）的
艺术。

1. 针织是形与色的艺术

色即色彩、色脉，形即形状、形态等。

（1）色。色的构成、色的搭配，带来色的表达；色系应用，色的
深浅、冷暖应用，对比色、色模糊、色夸张应用产生艺术效果，再与
形结合产生叠加艺术效果。

（2）形。塑造形象、意境，模仿天然、借鉴人文，展示风格、展
现风情，达到洗练、传神、轻巧、典雅等诸多艺术效果，再有与色结
合产生叠加艺术效果。

提花（常规提花、绣花、花边、贾卡、网孔、成型）较能体现这
一艺术。

2. 针织艺术是平面与空间的艺术

事实上，针织艺术是点、线、面及空间的艺术组合，由点与线改成面与空间。

（1）面。针织面料是常规的平面面料，即使是夹杂着立体设计也还是平面面料，主要构建平面艺术。

（2）空间。针织面料越来越多是特殊的空间面料，可以充分利用立体编织、多维编织、成型编织等技术构建立体艺术、多维艺术。

3. 针织艺术是组合的艺术

艺术题材包括抽象的、具体的和原创的、模仿的，具体可以从图案、款式、工艺进行筛选、优化、组合。

（1）图案。传统与当下的设计思路，线条、平面与立体，与整体色彩、版型结合……

（2）款式。与整体色彩、图案结合……

（3）工艺。实现产品。

4. 针织艺术强调与工艺结合

针织艺术是工艺艺术，针织工艺本身就是艺术。

对产品时尚挖掘、艺术提升，不同类别的坯布和不同用途的面料有着不同的侧重。此为产业艺术所必需。

（1）织物效果——归整。包括针织结构、纤维纱线、染整处理等，达到平整、纹理效果，如纱线的竹节、色纺、混搭，弹性、蓬松。

（2）艺术元素——挖掘。花纹效应、布面风格、坯布性能等方面的时尚元素的选取与组合。

此外，针织工艺本身及针织工艺研究行为也是一门艺术，是创造艺术的艺术，也需要传统的艺术观作为支撑。

（三）针织艺术存在表达的局限性，色彩和结构层次的局限性

（1）表达图案的色彩种类、结构层次有限，因此常常需要忽略色差、强化色模糊。

（2）织物结构、编织原料给予更多的色彩、层次来表现，弥补丰满度的不足。

三、针织艺术学在经编流行发布的核心应用

经编行业最具权威性的流行发布，可以至少包括以下几方面。

（一）经编流行发布涉及的研究主题和企业部门

1. 涉及的研究主题

针织艺术学已经不自觉地应用于以下方面研究：设计的提升探索、技术的艺术展示、产品的应用演示、市场的普遍应用和发展。

2. 涉及的企业部门

针织艺术学在流行研究与发布的应用涉及的部门包括：综合设计、技术研发、产品销售、客户服务、企业管理、生产运转。

（二）经编七大类产品流行趋势研究最初展现的针织艺术学

间隔、成型、花边、绒类、网眼、弹力、棉制经编产品流行趋势的长期研究都体现各有侧重的艺术学思想。近年来的研究虽然主要从应用角度，但这七类产品的流行趋势发布是行业影响力和社会影响力较大的发布活动，这些活动是在针织艺术学框架指导下的活动，同时给针织艺术学研究带来更为丰富的素材。

1. 间隔

间隔应用于鞋材，引发鞋材革命，内外采用间隔织物的鞋大量增加，形成鞋业集群。在间隔织物基础上，汲取间隔织物的经验，拓展更加优越和更多风格的鞋材。

从鞋材等利用间隔面料厚度产品的应用流行趋势到间隔织物具有厚度优势（厚而不重）服饰等领域，研究立体外形与色彩的组合。

艺术素材：立体、多样……

2. 成型

展现经编成型与圆机、横机成型融合，向圆机、横机接轨，追求针织成型的取长补短，共同发展，特别是艺术化、时尚化发展。

艺术素材：外观、型变……

3. 花边

再次探索花边产品高端设计的解决方案，花边不仅是针织品作为艺术品的代表之一，还是针织品作为舒适等诸多性能、功能品的代表之一。

艺术素材：花纹、色彩……

4. 绒类

秉承绿色、环保、低碳理念的传统设计，加上艺术的元素，推崇绿色与时尚的完美结合，并且在绒类的应用领域（如仿裘皮）中推崇这些理念。

艺术素材：蓬松、绵软……

5. 网眼

诠释网眼结构的多样性和由此带来的产品性能多样性，并从民用产品结构向特种用品延伸，使得开发产品中应用网眼的理念得到升华。

艺术素材：孔眼、层次……

6. 弹力

经编织物的弹力形变主要辅助于终端产品的某种用途需要，流行研究重点在于弹力形变的最终效果，即形变后产品的艺术性。

艺术素材：高弹、致密……

7. 棉制

利用原料变化，开发工艺难度较大的经编产品，从艺术角度加以完善；产品设计已经不是简单地从技术攻关入手，而是结合艺术设计，从艺术的角度给技术攻关提供导向——工艺的进步还带来艺术。

艺术素材：非常规、原料拓展……

正是因为有着诸多艺术素材，才使得这些流行发布产生了巨大的影响力和长远的导向作用。流行发布中应用这些素材只是一个开端、一类方法，发布中应用的思路和方法（包括工艺设计创新、生产流程完善和关键技术开发）将在今后继续指导经编产品，乃至针织产品的设计开发。流行研究与发布在推动行业产品优化与提升以及行业"减肥增壮""强身健体"工作中发挥重要作用。

四、"针织艺术学"学科建设粗浅的补充思考

设计不是"便捷快餐"，而是"陈年老酒"，那么针织艺术学值得也需要深耕。

（一）理论继续完善

这一学科理论需要在实践中不断丰富和发展。

1. 铺展已有成果

借助传统技法，借助当今科技，针织不仅可以自如提花，还可以自如编形，花与形可做到自如统一。这些为指导实践和在实践中完善针织艺术学体系提供依据。

2. 拓展新的研究

至少可以强调两个概念：一是时尚设计的精髓——条条道路通罗马，虽然轨迹各有不同；二是针织艺术学的意义——助力从弱设计，到强设计，到超设计，助力时尚设计。

（二）学科前景广阔

针织时尚设计潜力巨大，使这一学科前景广阔。

1. 基于科技的时尚艺术

以时尚为导向的科技是科技进步的一条路子和一种方法。

2. 对接市场的时尚艺术

顺应市场的研发应当整合，引领需求的设计必须提速。

（三）提出"卓越"理念

卓越设计在于针织实践中的定义最初体现在设计的完整性与提升性，后来逐步补充设计的实践性与高效性，例如，设计要强调与相关领域的对接、设计产品的应用效果，针织服装设计离不开对于针织面料的高度认识（包括面料设计、检测与应用）（由此还提出卓越针织设计师的理念和卓越针织服装设计师的教育理念），等等。

卓越设计、卓越服装设计、卓越针织服装（面料）设计是一脉相承的。

（四）设计需要拓展

在艺术设计引领工艺设计中，需要加速推行工业设计理念，拓展设计的空间性、覆盖性，各种设计理念的大融合，这就是设计的拓展。例如，产品使用设计可以关注产品生命周期的三大缺陷：设计缺陷、制造缺陷、使用缺陷。

（五）艺术素材丰富可用

针织及其相关的艺术素材十分丰富，可以不断挖掘，加以使用。这是被多年的实践证明了的。

（六）先进理念不可或缺

对于高速列车的高速而言，动力不是问题，稳定（弯道、变速）才是根本；对于大家生活的品位而言，温饱不是问题，健康美丽……才是根本；对于针织产品的高端而言，技术不是问题，设计才是根本。

在研究时尚中还要强调基础技术、核心技术、原创技术及集成技术。

话题二

针织流行的精髓探索——艺术与科技互动

　　1996 年开始的针织设计与针织产品年会的前五届会议有几个主题观点：思维一定决定产品，针织产品的可设计性为制造业之最明显特征之一；产品性能的主要话语权在生产者手中，生产者应当加强责任担当，提出问题导向；针织流行始于科技，因为对于消费者未知的初始消费品，生产者拥有消费主动权（这就是供给侧导向，后注），例如典型产品花边的时尚性在于提花的多维，时尚内衣面料的舒适性能等离不开制造工艺的融合……

　　艺术与科技的互动以及互动中产生的各项行业行动、专业行动等，是艺术科技学、科技艺术学和针织艺术学形成的基本条件。

一、技术的本源性（产品的根脉性）

（一）技术的主要作用

1. 技术提升的三个基础命题（一切行业的共性课题）

传统产品提升：应用原料等领域的先进技术，完善现有工艺和流程。

时尚产业延伸：应用传统组织结合先进技术，与时尚需求接轨。

高新技术拓展：普及先进、不断完善，与先进制造技术融合，推出复合先进技术。

2.技术开发的三个基本方面（以间隔织物开发为例）

在秉承传统设计研发的基础上，从织物的色彩图案、纱线组合、组织结构到织物的最终风格与性能，再到面料的应用，突出三个重点设计思路：

一是优化原料应用，扩大功能性化纤的应用；使用不同原料组合，例如，差别化涤纶、锦纶和色纱等，形成双色和多色效应；适当应用弹性纱（包括包芯）扩大弹性类产品的生产等。

二是突出立体结构，利用贾卡提花（单、双及多贾卡）、变化组织编织方式，设定底布网眼大小、形状和布面条纹、花纹及其布局，设定织物的厚度（厚薄不一，单层或多层）与密度等规格，推出多种用途产品，还可做到个性化定制。

三是完善产品性能，针对不同产品，通过设计和染整等环节改善织物的性能，例如，维护织物两个表层和一个间隔层的结构、具有形态记忆特性及透气、吸湿、排湿、耐磨、耐折、抗菌、防火等功能性，依据人体工学原理，使织物更加符合最终产品的用途。

（二）技术研发的点和面（以经编间隔织物为例）

1.点（企业或者单项单一技术）的历程

经编间隔织物作为一种新兴的材料在巩固量大面广的鞋材应用的同时，扩大到服饰、箱包等传统应用，立体结构的平面化使用，关键技术的开发和先进实用技术的普及。优势企业较早攻克间隔织物关键生产技术与终端产品性能研究、织物的编织与性能保障等行业难题，技术多点突破，填补行业空白，特别是基础研究的空白。

2005年之前，基础开发、应用在重点企业和部分集群完成。

2010年，行业研发体系建立，吸引行业研发力量开展大间隔等产品研究的关键技术研究。

2012年，间隔织物应用研究正式建立，联合鞋材等领域龙头企业推进产品应用。

2014 年，间隔织物设计研发团队联合行业专家和应用领域专家首次发布行业流行趋势。

2016 年，间隔织物的诸多性能广泛应用，许多间隔技术并非未来技术，是传统技术，是需要推广的技术，例如"3D 结构织物间隔丝的抗弯曲抗倒伏研究""高模量高性能的产业用间隔织物开发"已经成熟。

2018，华宇铮蓥（福建）集团"经编间隔织物的智能设计与智能制造"行业示范项目，推广经编间隔织物的智能设计与智能制造，得到响应，一些企业跟进。

2020，行业联合团队进行基础研究、应用研究、重点突破，间隔织物行业要抓产品的关键指标、应用的关键环节。

2. 面（行业或者普推技术）的历程

1996 年在长乐召开的经编行业发展论坛，较深刻总结间隔织物开发。2005 年、2007 年、2009 年"全国针织技术交流会"，以及 2013 年 9 月在厦门召开的"2013 全国针织技术交流会"，2014 年 7 月在江苏省常州市召开的"2014 全国针织技术交流会"，2015 年 4 月在晋江召开的"经编间隔织物技术研讨会"等会议，主旨报告中都鲜明指出，具备结构和性能特殊优势的经编间隔织物是未来的开发重点，经编间隔织物将有较大发展，关键在于工艺的完善，如织物结构、提花方式的多样性等，快速全面丰富产品系列，关键在于从原料、机械、编织、整理、成品开发和使用全过程设计的深入探讨。

3. 点与面带来的结果

科技普及是推动行业发展的必然途径，传承早期研发成果，同时保持研发投入的较大规模。2014 年、2015 年、2016 年、2017 年抽样调查表明，经编产品中间隔织物增长率位列第一。据估算，间隔织物年增长率达到 15% 以上，其中贾卡类材料增长率超 50%。早期，特别是 2014 年开始，行业研发、产品应用在相关媒体做了许多报道，如《中国工业报》《中国纺织报》《纺织服装周刊》、纺织经济信息网、第一纺织网、经济信息网、中国工业网等。

4.间隔科技留下的思考

行业课题：经编间隔织物时尚化设计、智能化生产和专业化应用，经编间隔织物的智能化设计与生产，拓展应用与高端应用。

间隔织物作为一种蕴含新技术的新材料，需要多领域多学科交融、多点突破应用，需要不断催生创新新模式和营销业态，加速与智能制造互动也是必然途径；需要利用当今产业变革调整机遇，推动新旧动能转换，特别是推行网络技术、智能制造、情感化设计等解决方案。

留下最多的是：设计是为了应用，例如经编间隔织物的健康、舒适、时尚、环保理念，逐步众所周知。

二、艺术的渗透性

艺术对于针织具有极大的互通性和渗透性。

（一）艺术体现在针织设计

1.艺术设计带来新附加值

针织产品主要性能的可设计、可调整性体现在几个方面。例如，编织结构决定弹性（柔韧、回弹）、透气、易洗，进而影响舒适、健康；加工过程决定环保、低碳、可循环，进而决定产品的可持续、良好前景。不仅如此，针织产品的可设计性还体现在艺术设计方面，如：

——提花与色彩的组合效应；

——网孔与多层结构的组合效应；

——弹力大小与面料精细的最终效果。

2.艺术使针织设计转轨与优化

在早期一些以生产经编花边为主的企业与国际交流密切，推动了我国经编面料国际影响力，紧跟或者引领国际潮流的产品销售持续旺盛，这就是艺术时尚在针织领域应用的结果。但花边产品供给也出现过剩，主要表现在某些大类产品、雷同产品大量出现，这多是艺术时尚滥用的结果。

艺术设计对于经编新产品开发的作用被许多设计者和企业经营者所认可。较早体现在传统面料上，如平纹类、网眼类、提花类、弹力类、绒布类、间隔类；此外，功能性面料，如吸湿排汗类、抗菌防臭类、防水透气类、抗紫外线类、防静电类、阻燃类等的整体附加值提升也常常得益于艺术设计；许多特色产品、个性化产品离不开核心技术，更离不开艺术设计。

（二）艺术体现在针织流行发布

1. 流行发布三流程

（1）定期搜集某类产品的市场需求数据、生产运行数据等，专项搜集该类产品及相关产品的行业数据，初步分析，去伪存真，去粗取精，得到数据库。

（2）对行业海量信息的专业提取，深刻总结。

（3）借助专家体系获取，获取其当前和未来一定时期的潜在趋势，对一定周期或时期进行流行发布。

2. 对接营销的问题

（1）指标体系。关键技术指标和使用指标体系需要完善。

（2）引导消费。对产品使用的科学性、针对性需要加强。

（3）造就品牌。市场不够规范，同类及相关产品存在无序竞争。

3. 进行盈亏分析

（1）营销成本高，利润与销售量呈现正相关。

（2）技术实现，改进设计是关键。

（三）两个极具潜力的首创发布

这是艺术设计的初创、完善、拓宽、提升的行业示范。

1. 间隔织物

长期积累，厚积薄发，高新技术与性能塑造的强烈统一，造就间隔织物在三大领域（服用、家用和产业用）都具有广阔的发展前景，引导多领域应用，尤其是特种领域。

2. 成型产品

细水长流，精雕细琢，科技创新与艺术创意的无缝融合，为时尚界（内衣、袜子及服饰）带来一道靓丽的风景线，引领国内外持续的新消费理念，特别是高端消费。

间隔展示"力"的沉稳，成型诠释"美"的蕴含，共同点是健康、时尚。

三、设计工程与设计师工程

1. 针织艺术的深度诠释

色彩与纹路的视觉艺术，如花边与贾卡技术；形状与结构的构造艺术，如间隔与绒类技术。开展针织技术研究和产品设计研究，同时以创造性思维开拓艺术新领域、艺术新应用。

2. 针织设计的重点推进

存在情况：设计不难，难在产品生产；生产不难，难在产品准确达到使用要求。设计工作重点：加强重点产品、系列产品的研发引导与行业整体提升。

几个重点设计趋向：

（1）贾卡。贾卡＋多梳＋压纱、贾卡＋多梳、多梳＋压纱、贾卡＋压纱，弹力花边与普通花边，宽幅花边与织带。

（2）成型。三大类成型的融合与互补，并提升技术应用和推动产品升级，例如，运动、休闲等的时尚应用拓展，实现完美成型。

（3）弹力织物。氨纶弹力织物（包括网眼和半网眼），其他弹性纱的弹力织物（适用性能）。

（4）间隔产品。应用向多领域拓展，传统产品优化向成型、提花拓展。

（5）双针床绒类。重点在于产品应用研究，从使用要求入手，完善工艺和拓展原料选用。

3. 推行先进的产品理念

（1）推行高附加值理念。思维决定产品，针织产品的可设计性十分明显，产品性能的主要话语权在生产者，生产者应加强责任担当。以"3D床垫"为例，产品组织与工艺流程决定弹性（柔韧、回弹）、透气、洁静、易洗等性能，主要性能指标可设计、可调整；材料与生产过程决定环保、低碳、可循环。从产品生命周期管理看，产品存在三大缺陷：设计缺陷、制造缺陷、使用缺陷。

（2）推行经济与社会效益的理念。循环经济：综合利用、可再生、可循环持续；跨界经济：数字化和新的商业模式优势互补，价值链、产业链重组优化。

4. 针织设计师的培育思路

（1）总结基本经验。针织设计师、工艺师、工程师必须以针织技术为根本，从企业实际和市场需求出发，分专业类别加以培育，久久为功，形成长效。总之，针织设计师应当具备综合知识和能力，即针织技术（工艺）知识、时尚设计艺术造诣、市场趋势判断能力等。例如，花边行业具有发言权，企业长期自主设计、研发，与跨国采购商对接，与国际服饰品牌合作，是快速成长与整体提升的根本途径。

（2）突出传承团队。设计师制度建立已经三十年，可谓是三十年磨一剑，三十年主要培育一支团队。行业团队掌握大量关键技术、先进工艺，特别是掌握产品时尚设计的基本方法，这些方法在行业的许多领域都散落地存在着，这是行业优势。要发挥这一团队的引领作用、普及作用、导向作用，形成行业合力，在传承基础上创新，在团队基础上培育个体设计人才。

话题三

针织流行研究的底层示例——经编花边的流行研究

经编花边是指多梳栉经编机编织的提花面料，是经编面料中最具时尚潜质的一个大类。经编花边广泛用作装饰、服装面料（特别是内衣面料）和辅料，在服饰领域有着重要的地位。花边作为较能体现科技与艺术融合的典型产品，其时尚性和流行规律在国际上长期受到重视——设计引领未来，花边行业提得很早。

我国的针织流行研究，较早的系统研究是针对经编花边的，经编花边流行研究在针织行业中很有代表性。这正是针织流行系统研究的基础，也是针织艺术学始创的基础。

一、流行研究的历程

我国经编花边流行研究经历与国际基本同步，可分为三个阶段。

1. 工艺研究与产品推广是流行趋势研究的初级阶段

我国经编花边的系统设计始于 20 世纪 80 年代，当时企业在 30 梳栉链块提花经编机上开发产品，采用手工描绘和机器上修改完善的办法进行整体设计。随着产品需求的增长、花边机种类的增加，针对花边设计的工作室和研发机构出现，与国际形成互动，应对市场需求的流行研究也应运而生。同时，知名服饰面料、辅料的设计机构和生产企业对花边产品提出设计导向。

应当强调，花边的初始流行趋势研究与产品设计共同成长。

2. 设计提升与应用拓展是流行趋势研究的提升阶段

20 世纪末开始，电脑提花、电脑设计的推行使花边设计、生产大为简便，花边图案、规格更加丰富，质感更好地满足使用要求。一批优势企业和研发机构坚持研究花边产品开发、需求趋势，引导产品应用和国际采购。例如，针对某国际品牌服饰的配套需求，企业就曾经推出200 个花型供选择。花边设计水平的提升，使受到服饰品牌青睐的产品快速增多，有力地推动了流行趋势研究的开展。为此，中国针织工业协会在 20 世纪末就在花边行业提出科技与时尚结合的设计方案。

应当强调，这些流行趋势研究是建立在产品达到一定丰满和丰富的基础上的。

3. 流行研究取得一定经验后的正式推出阶段

2017 年，行业正式推出花边流行研究成果，主要是总结行业的经验，弘扬行业积累的精华，提出崭新设计思路，并对花边整体设计和产品分类进行诠释。成果的推出在花边生产经营企业和相关服饰、纺织原料、经编机械领域产生重大影响，国内外采购商对我国生产的花边认知度和对原创产品的认可度有了较大提升，对花边的选用更加专业化。行业专家在这一阶段提出针织多个系列产品（包括经编和纬编）设计的科技与时尚结合的具体方案，并且在指导实践中完善。

流行研究取得实效，更是取得实证。

应当强调的是，虽然产品已经非常丰满与丰富，流行研究也持续提升，但是相关的艺术、相关的设计交流十分欠缺。

二、流行研究的要点

流行研究的作用在于引导设计师和工艺师的工作方向，就经编花边而言，需从以下几个要点考虑。

1. 产品分类及其特性

产品规格有窄带、宽幅之分，厚重、轻薄之分，可以采用网孔、平布为底布。提花有多种组合，采用压纱、多梳、贾卡工艺，采取定位提花、成型（造型）编织和镶边技术、分离技术。原料包括涤纶、尼龙、氨纶、棉纱、包芯纱，还有其他多种纤维的应用。产品特性包括平整、悬垂、柔糯等。

2. 突出经编花边的用途

终端产品包括坯布类、计件类、专用类，主要用于服装、装饰。针对特定品种，可以进行窄带花边、宽幅花边、轻薄花边、网孔花边、素色花边、平布花边、弹力花边、无弹花边，还有硬花边和软花边的专题研究。针对细分用途，可以进行内衣面料、服装面料、装饰面料的设计与应用研究。值得一提的是，经编花边广泛用于女士内衣，分为普及型、高端型。

3. 花纹设计与效果评价

CAD 设计系统与结构仿真、效果仿真技术，使琳琅满目、丰富多彩的花边得到完美诠释，便于设计师不断推出新品，同时，也便于进行花边设计效果的评价。花边需求主题十分鲜明，主要是花纹和性能两个方面。因此，对经编花边的评定，主要依据花纹图案与面料整体的时尚性、面料满足使用要求的综合性能等。

4. 合作是未来趋势

经编花边设计是行业的系统工程。优势企业自主研发，并且与国际设计机构、院校合作互动，从而不断推出时尚产品，这是花边企业的发展模式。花边设计有许多合作模式，如以企业为主体的产、学、研合作，原料、设备、服饰等协同的产业链合作。

三、流行研究的技术与艺术融合

经编花边用于春、夏、秋、冬，四季的一些素材给花边设计提供了思路，因此行业对于流行研究已经习惯于从四季入手。以"四季之美"为主题，以"天然""灿烂""丰满""含蓄"为理念，强调恬静、舒适、温馨的生活，又蕴含着许多憧憬。

（一）偏向制造技术的研究

这是传统研究，着重于技术研究与工艺实现。主要体现：

1. 织物组织与性能、用途方面

（1）地组织与提花组织；

（2）主色调与色彩组合；

（3）外观形态与结构特点；

（4）主要性能与用途趋势。

2. 编织技术与机械实现方面

对于花边机的实用性改进提出具体要求，例如：32、48、72、96梳栉及配备相应提花等功能的专用型花边机，细针距成型花边机，全电脑控制应用于专门产品编织的花边机。

（二）偏向设计艺术的研究

这是融合研究，在传统研究的基础上富于更多的想象。

1. 春的设计、表达

地组织：如网孔为主；网孔大小形状：如偏大的常规形状；织物厚度风格：如以薄为主或厚薄兼具；色彩色调：色调从淡雅到鲜艳，以天然色彩为主；花纹与图案表现：如强调富于各种变化；整体外观效果：如强调和谐而恬静。

2. 夏的设计、表达

地组织：如网孔为主；网孔大小形状：如中等的多种形状；面料厚度风格：如挺括与柔软兼具；色彩色调：如以暖色为主，可以有多种色彩组合；花纹与图案表现：如简洁，可以有立体感；整体外观效果：如强调热烈奔放。

3. 秋的设计、表达

地组织：如网孔和平布为主；网孔大小形状：如网孔多样；面料厚度风格：层次感强及变化多；色彩色调：如采用秋色调；花纹与图案表现：如粗犷且层次分明；整体外观效果：如多种纹理组合，流畅的线条表达特有的意境。

4. 冬的设计、表达

地组织：如平布为主；网孔大小形状：如细小网孔或者接近平布；面料厚度风格：细腻而平整，加上适当的弹力；色彩色调：如白色和平素色彩；花纹与图案表现：简洁的暗花或平布；整体外观效果：如表达十分整洁的效果。

此外，作为花边流行研究与发布的后续研究项目之一，还开展流行产品的销售量、产品销售单价、市场覆盖面等研究，从多侧面检验这项工作对行业的贡献。

经编花边的流行研究在制造业中是开展较早的时尚应用研究。经编花边的流行研究是推进针织技术与时尚艺术结合，推出高附加值针织品，引导消费的一个尝试性、创始性的系统工程；是针织艺术学的提出和不断完善的一项重要持续性实践，为这一制造业的艺术性学科建设提供大量有用素材。

第一篇

经编间隔织物

2014 "间隔" 试发布

2015/2016 经编间隔织物流行趋势试发布

　　时间：2014 年 4 月 20 日，地点：福建省晋江市，2014 年经编间隔织物设计研讨会暨 2015/2016 经编间隔织物流行趋势试发布活动举行。

　　本次发布是针织流行趋势发布系列的第一次，地点选在全球最大的经编间隔织物产销基地。经编间隔织物设计与研发专家、主要经编间隔织物生产与销售企业的负责人，以及间隔产品应用领域（包括部分国际知名品牌）的代表参加了活动。

　　研讨的主题内容：间隔织物的成长历程与发展现状、经编间隔织物发展趋势；会议商定：开展间隔织物研发与制造体系建设，以及间隔织物销售与应用体系建设。

　　中国针织工业协会副会长林光兴对经编流行研究与发布活动做了部署，并针对本次发布作了《经编间隔织物进入系统开发时期》的专题学术报告。他首先介绍产业哲学的概念、针织哲学的理念，诠释了产品设计的哲学内涵。他认为，研发的技术、改进的工艺要舍得给出去，让别人去发扬光大，造福大家，才能体现价值。流行研究与发布就是"给出去"的行业公益。

　　林光兴指出："在我们这个星球不断的是创造，艺术如此，针织如此，针织艺术也是如此。活动必须秉持针织工艺与针织艺术相结合的理念，秉持制造与使用互动的理念……关键是形成现实的先进生产力。一个主要目的就是向设计要质量、要效益，高效推动行业增加值的优化……间隔织物是最能体现针织力量、针织时尚的产品之一。本次发布正式提出间隔织物以'健康、舒适、时尚、环保'为开发与使用的理念。"这些理念在发布活动中达成共识。

经编间隔织物进入系统开发时期

经编间隔织物是一种双针床织物，又称"三明治"织物或者3D织物。编织时，用纱线编织两个相对独立的平行的单面织物，同时利用间隔纱线将这两层织物连接在一起，并保持一定的间距，织物包括两个织物层和一个间隔层，既是三维，又是三层。

一、坚实的创新道路

（一）研发经历

20世纪80年中后期以来，国内外对经编间隔织物的研究经历了鲜明的三个阶段。一是生产工艺研究（企业开发双针床经编产品，以涤纶、锦纶为主要原料，以薄型为主）；二是产品应用研究（中厚型生产，开发新的应用领域）；三是综合性能研究（特种原料开发赋予间隔织物优越的力学性能和物理性能）。

20世纪90年代中期，研发人员提出3D结构概念和设计理念，阐述这种纺织品具有多种结构设计可能性和设计方案，对这类产品开发发挥承上启下作用。

（二）研发重点

（1）结构。织物的厚度、间隔层的结构、外表层的形式等带来结构多样性。

（2）性能。透气、抗压、导湿、防震、吸音、隔热等诸多特点。

二、宽广的应用领域

（一）第一系列

以鞋材类、服装类为主。

1. 鞋材类

运动鞋、休闲鞋、童鞋、拖鞋、凉鞋、洗浴鞋。织物的导湿透气性，确保空气流通，给鞋内部创造一个空气清新的微环境。

2. 服装类

用于服装，包括外衣（包括时尚、休闲）和内衣两类。织物的选用可从平素、网眼、提花，厚薄、稀疏、镂空，以及织物表面不同的形态、悬垂飘逸等方面，丰富服装设计创意。

3. 拓展类

向枕头、儿童推车、学步带、儿童专用安全椅等方向拓展，较好地满足安全、健康、舒适、美观的要求。

（二）第二系列

以装饰类、家具类为主，并在使用过程中拓展产品开发。

1. 室内纺织品

室内装饰，包括帘类、罩类、毯类、垫类等；浴室用品，包括防滑垫、浴室用鞋、毛巾、浴巾、浴衣。采用多种化学纤维。

2. 床垫及床上用品

包括床垫（厚型和薄型）、褥垫、床罩、枕头等，达到柔软及覆盖性、亲和性。厚型织物（如枕头）具有缓冲作用。关键是符合人体工学原理。

3. 室内装修及家具

用于办公场地、会议室及家居客厅、卧室的部分墙面、隔离板、天花板覆盖层，耐磨、通风、隔音、环保，同时达到轻量化、改善空间感观的效果。

（三）第三系列

以产业用品的一些材料为主，并在使用过程中拓展产品开发。

1. 车船内饰材料

车船内装饰包括内衬布、包覆层，座椅、坐垫的罩和填充物（用量较多），车篷、遮光帘、行李箱衬，主要作用是防护和隔热。

2. 医疗卫生用品

包括垫类、网类、服饰类，具有与其他材料互补的特性，还有特殊用途的高端品。

3. 增强材料

作为增强复合材料，厚度和结构可选择范围很大，而且都能够达到一定的强度。

4. 防护用品

防护用品，用作安全防护头盔的支撑骨架和内衬，例如，用于多种头盔衬垫，能更好地吸收和分散攻击力（图1）。

图1 经编间隔织物用于抗冲击

2015 "间隔"发布

2016/2017 经编间隔织物流行趋势发布
——经编间隔织物成熟走向市场

2015 年 4 月 20 日，2016/2017 经编间隔织物流行趋势发布活动暨 2015 年经编间隔织物设计研讨会在福建省晋江市举行。这种可以广泛应用于纺织三大最终用途——服装用、家纺用、产业用——的材料正在兴起。

一、产业：前景广阔

经编间隔织物编织采用的纤维可以是涤纶、锦纶、氨纶等化纤材料，也可以是棉、毛、麻、丝等天然纤维材料；厚度调节范围大，间隔距离可以是几毫米、十几毫米，甚至几十毫米、超百毫米；表面结构多样化，可以是六角形、四边形、圆形等。间隔空间稳定，抗压性能好，有弹性，可作为承压制品的取代品及材料的加强结构等。国内经编间隔织物的开发已有多年，一些重视产品开发的企业，采用具有自主知识产权的性能优越的间隔纱，使间隔织物硬挺与回弹性能大幅提升，有力地推动了产品应用。

发布会上，中国针织工业协会副会长林光兴把经编间隔织物的应用范围做了详细罗列，提出近期应当开拓的 10 个品类：鞋材、箱包、床上用品（床垫、床罩、枕类）、室内家居、内衣与文胸、运动与休闲装、婴幼儿用品、座椅材料、坪类及其他材料等。他鲜明地指出，间隔流行发布是 1996 年提出的"精准扶持创新"措施在间隔织物中的长期具体应用；持续开展的行业流行系列发布系列活动是行业"减肥增壮""强身健体"的高效措施，有助于优化行业结构。

发布会上，一些优势企业展示了畅销产品和研发成功的高新技术产品，丰富多彩、琳琅满目，特别展现了间隔织物的厚薄可调、透气性可调、原料选择可多样等，工作人员穿着以该织物为面料制作的时装。这是"单品"专门开一个流行趋势发布会的原因。以生产企业为主导，集中多年来经编间隔织物技术研发成果展示，也是国内首次在这一领域对相关技术研发的趋势前瞻的全面梳理和系统解读。

二、产品：不断改进

经编间隔织物的核心技术之一是在原料上，华宇为了间隔产品需要，跨入原料（单丝）领域，而且很快成为国内最大的单丝生产基地之一，拥有功能性涤纶单丝生产线 56 条，年产 18000 多吨。华宇还与杜邦公司合作研制出了一种生物基仿生材料，这种材料具有防污性能好、易于染色、富有弹性、易于加工等特点，还具有优越的伸长回复性，伸长率 20% 仍可回复到原有的长度。首次开发的氨／涤鞋面间隔织物，具有免烫性、耐磨耐折、回弹性好、易着色等特性，引导市场。

优势企业发力点在于打通产业链，产品从经编向化纤、印染延伸，降低高端品的成本，目标是生产广大消费者都买得起的产品。最明显的例子是床垫，数年前，经编间隔织物床垫售价约为 5 万元，市场上几乎无人问津。扩大生产规模和产业链延伸后，同款产品现在售价约为 5000 元。

泉州一带经编间隔织物占全国总量 80% 以上。优势企业已经向服装和装饰家纺等领域延伸，研发与推广形成了行业导向。

三、推广：还需继续

间隔织物生产企业与应用企业一致认为，人们对经编间隔织物的优越性和在上下游的应用领域普遍了解不足，应用推广还处于起步阶段。企业技术落后，产品质量有待进一步提高，产品成本太高，不利于行业的良性发展。龙头企业的生产与销售的导向作用十分主要。华宇铮蓥（福建）集团注册了自己的家纺品牌，专门生产经编间隔织物的下游产品：床垫、婴儿车、汽车内饰、双肩包等。

基于长达 20 多年对间隔织物的潜心研究，林光兴拥有多项知识产权，其中有不少自主创新的成果，也不乏首创技术。为了推动该技术的成熟和应用推广，他把这些技术无偿提供给了企业，特别是一些优势企业，进行有效应用和合作再研究。总结研发经验和行业现状，他指出，行业近期和较长一段时期要做好三件事：一是推广经编间隔织物较为成熟的先进实用的工艺技术，推广间隔织物研究的理论成果，短期内提升行业的整体水平；二是鼓励龙头企业加强研发具有新型用途的产品，加大新工艺、新原料的开发力度，加速集成创新，同时完善产品标准与检测体系，为行业的发展提供导向；三是生产企业与使用领域继续开展更加广泛的合作，加强生产各环节和产业链协作，高效开发具有前瞻性的产品，深度拓展市场，以此培育和造就名牌产品（图 1）。

图 1　经编间隔织物及其应用

2017/2018 经编间隔织物流行趋势发布
——会呼吸的布已经走入我们的现代生活

2017/2018 经编间隔织物流行趋势发布活动暨 2016 年经编间隔织物设计研讨会，于 2016 年 5 月 1-2 日在福建省晋江市举行。从 4 月底到 5 月初，国内外代表参加了产品对接活动。

本次发布从引导消费的角度重点推出五个系列的产品。

一、会呼吸的床垫与枕头

采用间隔织物一体编织组合而成的床品，在弹性、支撑、耐压方面表现出优势，克服了传统床垫不便于洗涤及透气、防霉、防潮不佳的缺陷（图 1~图 3）。

图 2 中的床垫是立体结构，空气自由流动，时刻保持干爽状态；足够的间隙状态，使水流瞬间通

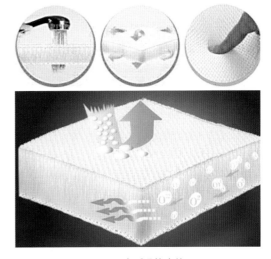

图 1　会呼吸的床垫

过，快速带走污垢，便于清洗快干；无数支撑点，弹性适中及适度，弹力分布均匀。

图2　可清洗床垫

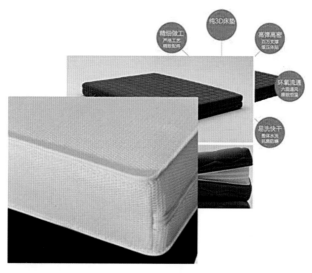

图3　零弹簧床垫

二、会呼吸的室内用品

1.椅背、椅垫面料

靠背采用网孔薄型织物，坐垫采用厚型成形间隔织物。椅子美观而且具有较好的舒适性、透气性（图4）。

图4　会呼吸的椅背、椅垫

2.浴室用品

防滑淋浴垫，可以两面网眼，粗针距编织，具有一定厚度。这种网格结构具有一定的弹性，脚下舒适、稳固。便于水直接通过排出，渗水速度快，防止给水。有的采用大网眼结构、提花结构和不同表面纹理等（图5）。

图5　浴室用品

三、会呼吸的儿童用品

1. 背带和浴盆护带（图6）

在背带的下方采取大网眼的弹性网布，透气透湿性好，清洁方便，造型美观，帽子用网布装饰，更具时尚感。

浴盆护带，使用较为轻薄的间隔织物，细腻柔软，提供安全舒适的洗浴环境。

2. 床护栏

常用六角菱形网眼，设计独特，柔韧性好，网孔直径只有4mm左右，网孔质地柔软不伤皮肤（图7）。

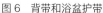

图6 背带和浴盆护带　　　　　　图7 床护栏

3. 游戏床

织物网孔形状各异，面料柔软立体，花纹精致。产品手感柔软，具有一定弹性，网布柔韧性好（图8）。

4. 蚊帐

采用环保优质涤纶加密蚊帐网，空气清新，手感柔软，稳定性好，不易拉丝勾破（图9）。

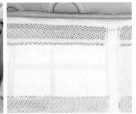

图8　游戏床　　　　　　　　　　图9　蚊帐

5. 婴童推车

经编间隔织物制作婴童推车，靠背采用网孔薄型织物，坐垫采用厚型成型间隔织物。推车不仅美观而且具有较好的舒适性，夏天透气，冬天保暖（图10）。

图10　婴童推车

6. 床垫、旅行睡篮

小床采用较厚的、柔软的经编网布，透气，保护皮肤不受污染；有效防止细菌和真菌的感染（海绵替代品）；质轻，洗涤消毒方便，抗静电；回弹性好，提供缓冲保护；热湿舒适性佳；良好的耐磨、弹性、强力等力学性能和化学稳定性；环保无毒，防潮防霉，可以回收再利用（图11）。

图11　儿童床垫

7. 童枕

经编间隔织物作为床垫，包括普通家居床垫、休闲垫和特种用途床垫。通过对间隔纱、组织结构和厚度的选用，可满足不同的抗压弹性的要求。通过采用功能性纤维或进行各种功能性整理可使间隔织物具有阻燃、抗菌等功能，间隔织物完善成型设计，使睡眠更加符合健康，符合人体工学原理（图12）。

图 12　童枕

四、会呼吸的汽车内饰

经编间隔织物制作的汽车内饰舒适性好、精美光洁、环保节能等优良性能（图13）。

图 13　会呼吸的汽车内饰

1. 安全座椅

经编间隔织物适合用于座椅、坐垫的罩和填充材料、衬垫物，可以改善装饰，提高舒适性（图14）。

2.汽车安全增高垫

经编间隔织物通风、防潮、弹性好、牢度强、耐磨、质轻，具有良好的缓冲作用，可制作汽车安全增高垫（图15）。

图14　安全座椅 　　　　图15　汽车安全增高垫

3.汽车坐垫

经编间隔织物弹性好，可用于制作汽车坐垫（图16）。

图16　汽车坐垫

4.车内装饰

经编间隔织物柔软、舒适、防滑、美观、弹性好，可用于制作方向盘、汽车窗帘、挡光布、汽车靠枕、汽车腰靠等（图17、图18）。

图17　汽车方向盘、挡光布

图18 汽车靠枕、腰靠

五、会呼吸的运动用品

经编间隔织物丰富多彩，厚度、网眼结构、表面风格及纤维材料都是选用的主要原因。经编网格服装结构稳定，面料具有良好的弹性，透湿、透气、不脱散。大量应用于运动用品（图19～图23）。

图19 经编间隔织物的品种

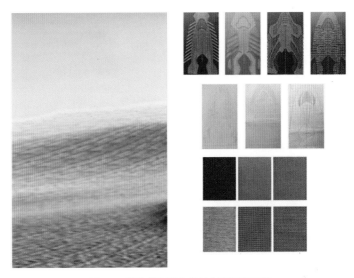

图 20 经编间隔织物的结构和表面风格

图 21 经编间隔织物在运动用品中的应用（一）

图 22　经编间隔织物在运动用品中的应用（二）

护膝

运动时保护膝盖

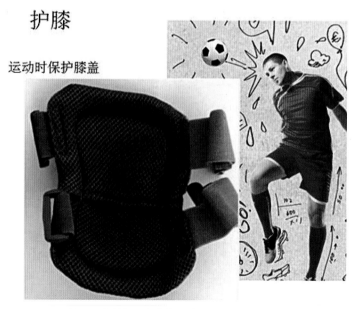

图 23　经编间隔织物在运动用品中的应用（三）

附　精准创新　推出"会呼吸的布"

经编作为纺织行业的重要分支，其产品技术含量高，应用范围广，市场潜力大，其发展水平是衡量一个国家综合实力的标志。媒体宣传如图 1 所示，其应用示例如图 2 所示。

"十三五"是我国实现经济结构调整升级和发展方式转变关键时期，也是纺织业由大变强、建设纺织强国的重要战略机遇期。随着世界经济逐渐复苏，《中国制造业 2025》、"一带一路"等重大战略实施，以及国家战略性新兴产业、航空航天、国防军工、环境保护、医疗卫生等领域发展的迫切要求，都为经编产业发展提供了广阔的市场空间。经过多年的自主创新，经编行业不断有新品问世，间隔织物已经进入普及和增长时期……

图 1　媒体宣传

图 2　经编产品示例

2017"间隔"发布

2018/2019 经编间隔织物行业流行趋势发布

——推出经编间隔织物设计新思路

以"设计提升与扩大应用"为主题的 2018/2019 经编间隔织物流行趋势发布活动暨 2017 年经编间隔织物设计研讨会，于 2017 年 9 月 27 ~ 28 日在福建省晋江市举行。

发布提出经编间隔织物的设计研发应当突出三个重点：

一是从原料的应用出发，扩大功能性化纤、生物基纤维和天然纤维等在产品开发中的应用；使用不同材料组合，例如涤纶、锦纶、色纱等，形成双色和多色效应；应用专用单丝开发产品并优化性能；适当扩大弹性类产品的生产等。

二是从织物的结构出发，利用贾卡提花、变化组织结构和多种规格方式，突出织物立体结构的同时，根据不同用途设计织物的厚度、密度，提花与网眼，条纹、花纹布局等；研究双贾卡、三贾卡双针床织物结构，特别是间隔织物的花纹效应与最终性能，增加花色品种。

三是从最终的性能出发，改进组织设计和染整设计，主要有维护织物两个表层和一个间隔层的结构稳定，产生形态记忆以及透气、排湿、耐磨、耐折等功能，特别是符合人体工学原理，拓展产品的用途。

发布对多类产品的时尚设计提出了导向，包括鞋材（运动鞋、休闲鞋、童鞋、拖鞋、凉鞋）、箱包（手提包、双肩包、拉杆箱）、服装（套装、夹克衫、裙装、时装、户外装）、内衣（包括文胸）、床垫（包括休闲垫、婴儿床垫、医用及特种用途垫）、车船内饰、增强材料、建筑材料、农用材料等。

经编间隔织物是一种新兴的纺织产品，其最大的特点是立体结构，能采用多种、多层提花效应，还可以有单面网眼和双面网眼等特性，具有透气、防潮、隔音、回弹、柔韧、相对质轻、高强、耐磨、防护性高、缓冲等诸多特性，在服饰类、产业用领域都有较为广阔的应用前景。这类产品生产技术普及较快，成为纺织行业增长最快的产品品类之一。

本次发布提出：提花类、弹性类、网孔类产品以及特殊规格、用途产品的应用将有较大幅度的增加。使织物提花的同时完善成型效果，赋予织物良好的弹性及其回复率。服装和装饰面料、童用产品、家具用品、垫类产品等都是提升的重点。床垫的品种、规格、形态正在完善。床垫无论是单层、多层，还是中间连接层，都做到柔软、回弹、软硬等性能适中。关键是贴身度高，使人体处于完全放松的状态。床垫能营造通风、透热、干爽的睡眠环境，保护皮肤。

华宇铮蓥（福建）集团常务副总经理苏成喻介绍了以设计为引领，以技术为依托，以需求为导向，以产品为核心，不断开拓市场的做法和体会。他认为，间隔织物设计提升正逢其时，行业应当加速集成创新，加强各环节的融合和产业链的协作，同时完善产品生产和使用的标准与检测体系，充分利用间隔织物组织结构特点，不断推出体现多种风格、规格和性能的设计，开发具有前瞻性的产品和较高附加值的产品。

与会代表一致认为，流行研究在秉承传统设计研发的基础上，从织物的色彩图案、纱线组合、组织结构到织物的最终风格与性能，再到市场走势，提出具体思路，对企业有指导作用。

中国针织工业协会副会长林光兴指出，间隔织物具有独特的结构和性能优势，开发潜力较大，间隔织物在时尚产业和高新技术产业会有一定的应用。行业还要研发关键技术，普及先进工艺，提升产品整体水平，同时分类（鞋材、服装、装饰等）培育名牌。他强调，针织技术要拓展高新、服务时尚；本次发布要对间隔产品的提升做出诠释，对今后一段时间产品开发提出较为具体的导向。

专家认为，间隔织物三层立体结构可以充分发挥其优势。这种结构具有天然的透气、透热、防潮、隔音、回弹、柔韧和相对质轻等综合特性，在运动鞋、休闲鞋中大量开发之后，家居、服饰和产业用品等领域得到一定开发。量的增长是可以预见的，关键要引导产品开发走向差异化、优质化，进而走向时尚化、品牌化。服装和装饰面料、童用产品、家具用品、垫类产品等都是提升的重点。间隔床垫能营造通风、透热、干爽的睡眠环境，而且环保、易清洁。床垫的品种、规格、形态正在完善。关键是床垫织物无论是单层、多层，还是中间连接层，都做到柔软、回弹、软硬等性能适中，强化床垫贴身度，使人体处于完全放松状态。

专家认为，贾卡类、弹性类等类别的产品以及特殊规格和用途的产品的应用将有较大幅度的增加。例如，在编织过程中添加一定比例（3%~30%）氨纶裸丝或氨纶包覆纱弹性材料，赋予织物良好的弹性及回复率。贾卡提花效应的形成主要是由于织物中贾卡线圈的延展线长度不断变化而引起织物的厚薄不一，分为单面、双面。可根据织物的不同用途分为鞋型、服装用、装饰用、产业用贾卡等。织物两面形成花型，或一面为常规网眼或经平密实结构，中间层为单丝连接，形成稳定的立体结构，这种结构可根据使用要求设计。

图1~图7所示为经编间隔织物的部分设计。

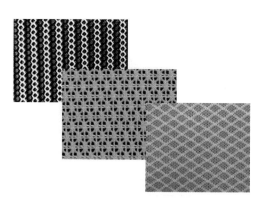

图1　各种条纹效应间隔织物

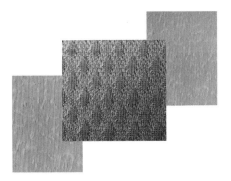

图2　单、双面提花类间隔织物

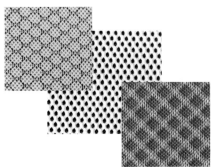

图3　网眼、半网眼间隔织物

图4　条纹与色彩搭配的织物

图5　间隔织物鞋材

图6　垫类用间隔织物

图7　服饰用间隔织物

2018"间隔"发布

2019/2020 经编间隔织物行业流行趋势发布

——经编织物智能设计与智能制造

2019/2020 经编间隔织物行业流行趋势于 2018 年 10 月 18~19 日在福建省晋江市隆重发布，同时发布经编间隔织物的智能设计与智能制造最新进展。2018 年经编间隔织物设计研讨会同期举行。

本次发布主题：经编间隔织物的智能设计与智能制造，带来产品研发与应用体系的完善。提出分主题：智能化设计便捷地带来面料花纹的丰富、智能化设计便捷地带来织物结构的重组、智能化设计便捷地带来产品性能的多样等。

提出未来行业的两个趋势：

一是产品定位。高端产品与常规产品，传统类开发与拓展类开发；各种素色、网孔与提花编织及贾卡编织达到成型效果，多种原料组合及色织等。

二是制造过程。纱线运动快速跟踪与断纱判定，基于视觉传感、运动传感的疵点检测，织物疵点图像处理自动识别等。继续分类提升设计与制造的智能化、数字化。

在行业主管部门的支持下，经编间隔织物龙头企业华宇铮蓥（福建）集团（简称华宇集团）在设计软件应用、产品可行性开发、制造过程控制及设计与生产、质量与性能体系建设方面领先于行业，多年开展间隔织物的研发与应用的推广工作。"经编间隔织物的智能化设计与生产"是继华宇集团等核心企业，包括早期的引领企业早期攻克"超大隔距间隔织物的生产""3D 结构织物间隔丝的抗弯曲抗倒伏研究""高模量高性能的产业用间隔织物开发""经编间隔织物高端制造与拓展应用"等行业难题之后的又一重大课题。

"经编间隔织物的智能化设计与生产"作为经编行业的示范项目，在行业协会的支持和院校的协助下，已经开展近 10 年，取得阶段性成果。这一成果体现较高科技含量，绿色、时尚的效果也十分鲜明，同时体现行业资源库整合、设计人才资源与多年的研发成果的整合，设计软件和主要织物生产技术、产品性能控制的应用。该项目整体方案已经在行业推广，极具推广价值，对行业导向引领作用明显。

与会专家认为，纺织领域多学科交融、多点突破趋势明显，因此不断催生创新模式和新营销业态，新材料与智能制造互动成为材料提升的必然途径。利用产业变革机遇，推动新旧"动能"转换是纺织产业升级的必然途径。特别是网络技术、智能制造、情感化设计等带来新的生产理念。间隔织物作为一种蕴含新技术的新材料，应用得到深度拓展。优势企业较早攻克间隔织物关键生产技术与终端产品性能研究、织物的编织与性能保障等行业难题。科技普及是推动行业发展的必然途径，优势企业研究团队开展基础研究，传承早期研发成果，技术多点突破，填补行业空白，特别是基础研究空白。

华宇铮蓥（福建）集团总经理苏成喻指出："时尚化设计、智能化生产和专业化应用，这三个方面是未来提升间隔织物的根本途径。行业较早形成共识：间隔织物行业要抓研发的关键技术、产品的关键指标、应用的关键环节，这是产品开发的根本法宝。华宇集团自身价值在于推动间隔织物产业的国际化合作，发挥国内行业引领作用。行业团队取得许多技术突破，关键在于把这些技术用于产品开发，造福整个产业链。"

龙头企业表示，技术属于企业也属于行业，从整个行业层面看，落后的生产还在继续，今后要反对雷同设计，要以行业发展为己任，不断完善企业团队与行业团队、相关应用领域团队的合作机制，保持加大研发投入规模，充分保障企业研发主体的地位。

本次智能设计的系统性提出，核心在于与工业设计对接，在于设计的全流程及全方位体现。

智能设计实例：

（1）花纹丰富由针织、经编本身的提花能力展现，贾卡发挥重要作用，编织的实现方式是采用电脑设计、智能化设计、自动设计（图1）。

图1　智能设计使经编织物花纹丰富

（2）性能多样由原料、针织结构的选用决定，电脑设计、智能化设计带来产品的最优化选择（图2）。

图2　智能设计使经编织物性能多样

（3）结构重组由综合因素、单项因素决定，电脑设计、智能化设计、自动设计都将发挥重大作用（图3）。

图3　智能设计使经编织物结构重组

2019"间隔"发布

2020/2021 经编间隔织物流行趋势发布
——把色彩与图案作为关键进行产品设计

经编间隔织物是近十年增长最快的经编织物。间隔织物逐步得到广泛的认知和认可，产品品类逐步丰富，应用领域快速拓展。为此，这一产品的流行发布已经得到业内外的极大关注。

2020/2021 经编间隔织物流行趋势发布活动于 2019 年 9 月 28 日在福建省晋江市举行，2019 年经编间隔织物设计研讨会同期举行。经编和相关产业链、间隔织物应用领域的代表参加活动。

发布主题：经编间隔织物的设计风格与专题应用。本次发布对标 2013 年提出的行业设计理念，重点对经编间隔织物各大类产品的应用趋势进行深度诠释，产品除鞋材外，还包括服装、内衣、箱包、床垫、车船内饰、增强材料、建筑材料、农用材料等，特别对于服装、家纺及产业用间隔织物的应用提升进行详细解读。

从织物本身风格看，色彩、图案、结构和厚薄是间隔织物四大流行要素。

（1）色彩。从近年来鲜艳色彩的大量应用回归到各种色彩的平衡发展，灰色调、混色应用增加，色彩渐变是一种尝试。

（2）图案。几何图案、抽象纹路和简洁曲线都是间隔产品的特性，图案与最终产品进行搭配，提高产品的艺术性。

（3）结构。通过纹理与网孔的变化，可以构造出奇异的表面；与传统织物形成对比的细腻面料将会增加。

（4）厚薄。充分体现间隔织物特性的产品，如厚而轻产品和半透明薄纱产品等需要大力开发；大间隔依然是垫类产品开发的重点，同时是产业用间隔织物的开发重点。

从产品应用系列看，未来成长较快的四个系列（还可继续拓展）：

（1）童年清纯。多种色彩和多种面料的大胆选用，体现活泼、天真，能够留下美好记忆、美好憧憬。

（2）青春韵味。典雅、整洁与热情、浓烈的组合，使终端产品充分体现美感、时尚感和价值取向。

（3）健康旋律。适用于各种类型运动与健身的服饰、鞋类，体现美观、舒适和健康穿着的理念。

（4）个性活力。寻求自由奔放等多种消费诉求，从动感与静态兼顾等多种手段折射出产品的差异化。

本次流行发布展示的贾卡系列（包括纱架贾卡、多色与单色）、立体纹路、纯色效应、大间隔结构等，都体现科技创新的多点突破，体现技术的交叉融合，体现新材料应用的前景。值得一提的是，间隔产品制造的指标体系、产品应用的指标体系正在完善之中，不少达到国际先进水平。

发布强调经编间隔织物成长的关键节点：21世纪之前的技术开发；21世纪初开始的集群化发展；近10年总量的持续增长；近10来技术的普及、品种的丰富与应用的拓展，如贾卡产品、成型产品、弹力产品的再度兴起。这些节点与2013年行业形成的共识已基本吻合。

与会代表围绕"技术完善与推广，应用拓展与提升"环节展开讨论。林光兴等专家预测许多品类的开发空间，继续部署间隔织物的行业性设计方案和应用方法普及，强调从产品制造角度助力行业健体强身。在间隔织物行业，原料、机械、织造、染整与成品环节的联合，数字化、信息化、智能化与传统生产的融合，正在推动产业的高质量发展。间隔织物最大的优势在于产品的空间结构和一定的压缩、弹性与变形性，而这些性能可以依靠选用原料（包括弹性原料），采用适当结构和生产工艺流程实现，设计与生产的智能化有力推动这一产品的优质、高效生产。

代表们认为，间隔织物在绿色发展方面仍有较大潜力。在制造环节，能源消耗可以更低，产品附加值有望增长；在使用环节，终端产品有节能与环保的特质，在无害化处理方面优势明显，无害化始于间隔织物的创始，也贯穿于间隔织物的未来，间隔织物的实践将是一个范例。

发布团队诠释间隔织物产品设计与终端应用的发展趋势后，介绍了优势企业间隔织物的设计与开发、产品标准与检测的完善历程，分析了产品流行趋势的研究与发布对于引导产品开发和产品使用的导向作用，呼吁间隔织物行业应当加强关键技术的基础研究，加强产业链的协作与协同，共同推出引导市场的、绿色时尚的、具有较高附加值的新品，这些观点得到与会代表的高度认同。

1. 色彩搭配（图1）

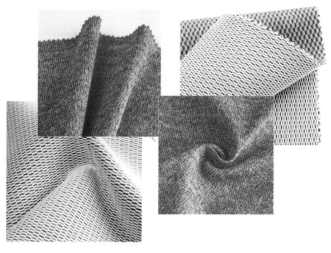

图1　色彩搭配

2. 图案组合（图2）

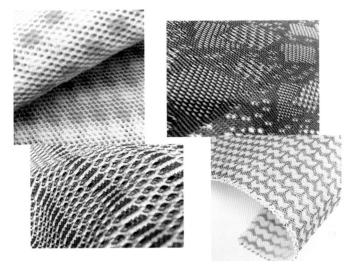

图2　图案组合

3. 组织结构（图3）

图3　组织结构

4.织物厚薄（图4）

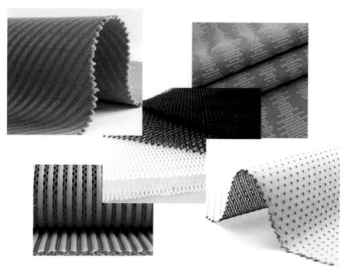

图4　织物厚薄

5.环保理念（图5）

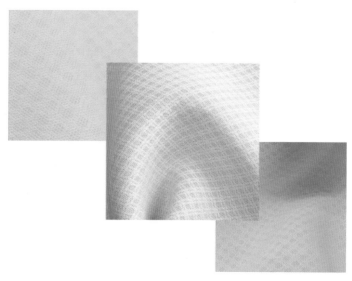

图5　环保理念

6. 个性化理念（图6）

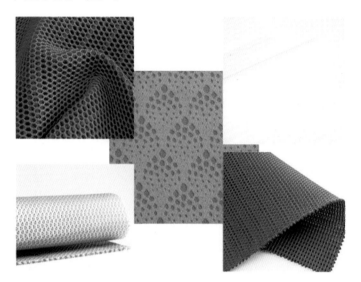

图6　个性化理念

2020"间隔"发布

2021/2022 经编间隔织物流行趋势发布
——间隔织物的时尚演进与畅想未来

2020 年 9 月 19~20 日，在福建省晋江市，2021/2022 经编间隔织物行业流行趋势发布活动暨 2020 年经编间隔织物设计研讨会隆重举行。这一权威年度发布具有较大的品牌效应，不仅吸引针织企业，还吸引机械、原料及服装、装饰等企业，部分院校、研发机构及相关领域的代表参加了系列活动，在线上或线下参与交流。

发布的主题是"间隔织物的未来畅想"，突出经编间隔织物、全系列针织间隔织物的应用，突出常规间隔、大间隔、超小间隔、特殊间隔及间隔提花、贾卡、成型的设计与开发，同时诠释间隔织物的智能化设计与生产、市场与需求分析。

发布结合国内外消费趋势，隆重推出四大趋势。

（1）时尚演进。阐释间隔面料色彩与纹路、性能与规格，以及不同时期消费特点的发展趋势与规律。

（2）生活体验。突出阐释间隔织物的日常应用，展现个性活力、韵味，特别是围绕健身的运动、休闲与娱乐方面。

（3）应用拓展。阐释各类消费（服装、家居、产业用等）导向及消费群体的演变，主要针对间隔织物的结构和作为主材的特质。

（4）畅想未来。阐释间隔产品由于技术的成熟与普及，是一种充满活力的产品，诠释间隔织物的开发导向。

未来相当长一段时间，间隔织物的发展将在这四个方面齐头并进。

在交流研讨会环节，间隔织物研发专家与相关设计师依旧从色彩、图案、结构、厚薄等设计要素，设计体现间隔织物特性的产品，突出艺术性与表现力，提出视觉效果、色彩效果多维度评价体系。

中国针织工业协会副会长林光兴等带领研发设计团队对产品的开发做了总结。重点强调，贾卡类带来的纹路与结构变化、间隔织物的立体成型与形变多样化多层次立体效应，特别是一些原料的前瞻性应用等，给市场带来了活力。在产品设计中，按照人体工学设计，提出各种垫类、覆盖类、服饰类，单层、多层结构，轻柔的触感等舒适性，织物的弹力及其回复力、耐磨性和柔软度，加大吸湿、排湿等固有功能性，使这类产品应用保持稳定快速增长。同时，信息化、智能化推广与生产设备改进、工艺流程完善和企业内部围绕产品的管理提升具有重大意义。

经编行业 2013 年提出间隔织物蓄势待发，企业家、专家团队做出导向性发展规划，行业大力普及先进实用技术，改进装备和管理，并带动消费的发展。后来，间隔织物和以间隔织物为材料的一些产品花色品种不断翻新，特殊用途、高端用途和时尚用途的产品不断出现。其中，产品不仅有较高的科技含量，而且具有不断增长的艺术含量，这些为产品设计提升提供方向，也为产品用途的拓展指明方向（图 1）。

图 1　经编间隔织物示例

2021"间隔"发布

2022/2023 经编间隔织物流行趋势发布

经编间隔织物行业经过多年的正确导向，得到健康有序快速高效发展。2022/2023 经编间隔织物流行趋势发布活动于 2021 年 11 月 28～29 日在福建省晋江市举行，2021 年经编间隔织物设计研讨会同期举行。本次发布会的主题有两个：一是经编的间隔设计再推新导向，二是永恒的间隔织物。

参加活动的单位与往年相同的是：经编设计、生产与营销企业，鞋材、箱包、服饰、家具等传统应用领域的单位，有所增加的是国内外知名应用品牌企业和设计机构、研发机构，建筑、汽车等应用领域的企业。这一年度发布会重点诠释：常规产品、近年来拓展了的产品，以及需要深度开发和完善的产品。

本次发布继续围绕两大脉络展现间隔织物的开发历程和未来走向：初始开发—形成原创—技术推广—进一步原创性开发—进一步推广—行业共同提升，以及产品常规工业设计—设计与应用的结合—常规与智能的设计结合—智能设计与智能制造的结合—制造与应用的综合设计（大数据、网络化、智能化趋势明显）。

发布有一个重要的环节：建立国际间隔织物制造体系，华宇铮鎏（福建）集团率先建立国际间隔织物制造体系，进一步体现企业国际研发主体的地位。

"经编间隔织物的智能设计与智能制造带来产品研发与应用体系

的完善"课题组组长林光兴代表课题组发布最新系统发展理念：间隔技术与贾卡等技术与其他相关技术的融合带来研发的长久提升，智能设计与智能生产融合带来制造的长久提升，产品制造与应用的融合与联合开发带来应用的长久提升。继续发布关键前瞻性技术与产品的新动向：大间隔织物的应用进展，高性能间隔产品的应用趋势，间隔服饰的应用开发，建筑、汽车等产业用高端间隔产品的提升。

华宇铮铧（福建）集团总经理苏成喻表示："华宇长期与协会专家联合开发，在关键技术、引领技术和前瞻技术的开发方面取得较大进展。在消费导向方面也做出了产品的性能研究、应用研究等工作，取得较大进展。一批企业将在国际制造体系中取得新的更大进展。"

发布与研讨活动仍旧采取"线上"＋"线下"相结合、相互动的形式，大家围绕设计、研发、技术、产品及需求趋势、应用导向等话题深入开展讨论。与会代表一致认为，纺织领域呈现多学科交融，智能制造互动成为材料提升的必然途径。间隔织物提升关键在于不断完善企业研发团队与应用领域团队的合作机制，保持研发的高投入，应用的深度尝试，凝聚国内外的多学科多方面资源，不断开拓本次发布提出的间隔织物在未来一个时期的时尚重点领域，而行业的龙头企业和领头的研发团队将继续发挥关键作用。

发布主题：厚而不重，薄而不轻，透而不露，密而不实。

如何从艺术角度实现：薄厚、稀疏的布局，织物内在性能的塑造，色彩搭配与混色的综合。

高效精准的设计理念：创意（创造）归于应用，多余就是浪费；服装（服饰）元素设定：厚度克重比（厚而薄就是设计元素）、色彩搭配与线圈结构、色与型的展现等。

2015 年以来发布的产品（局部）

包括服装面料（可采用多种纱线原料，包括一定含量的天然纤维），各种网眼面料（各种规格形态的化纤丝与经编组织组合，适应各种用途）；网眼优化设计（网眼与素色、提花的各种组合，同时进行必要优化）；贾卡类（氨纶弹性立体贾卡、多彩色织贾卡、双色双贾卡提花）优化设计，等等（图1、图2）。

图 1 网眼优化设计

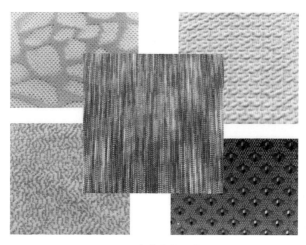

图 2 贾卡类优化设计

附 经编流行发布总结会举行

——针织行业经编产品（间隔织物）国际智能高端制造启动

2021 年 11 月 30 日，经编流行趋势发布阶段总结会在福建省晋江市举行。参与发布单位的负责人、流行产品应用领域的代表，以及部分针织企业、原料企业和机械企业的代表参加会议。会议采取线上和线下联动的形式，进行 8 年经编流行趋势发布的全面总结与研讨。

一、七类产品发布要点诠释与发布总结

对间隔、成型、花边、绒类、网眼、弹力、棉制经编产品流行发布的长期研究，从以下三个方面进行诠释。

1. 产品设计方面

展现针织艺术学思想，从不同侧面普及针织艺术学原理，并具体提出七类产品各阶段的开发方案，提升发布产品的行业导向力和社会影响力，提振行业信心。

2. 成品销售方面

从产品（中间产品、最终产品）应用角度提出设计研发的重点，从技术角度、艺术角度，从产品性能、功能的角度，不断提出普及产品、高端产品的设计方案，以及与需求对接方案。

近 8 年销售增长年均 22%，近 3 年贾卡类出现 1990 年之后的大爆发。

3. 产业调整方面

强化行业设计推动产品优化理念；秉承绿色、环保、低碳理念的传统设计；挖掘针织结构的多样性与针织产品的多样性，以及艺术元素；时尚引领原料变化下的技术攻关等。

二、正式启动经编大类产品（首批是间隔织物）国际高端制造

经编间隔织物是多年来纺织行业企业家与专家规划发展较为成功的产品系列。这一产品系列的深度开发和广泛应用与龙头企业和应用领域的共同推进分不开。福建省晋江市的间隔织物规模化发展于21世纪初，逐步形成一批引领行业的龙头企业。

作为流行发布的成果，由行业专家共同发起，正式成立针织行业经编间隔织物国际智能高端制造基地（中心）。基地以林光兴等著名行业专家指导，由龙头企业牵头，行业相关企业参与。这一基地的核心是体系化建设，体系包括智能制造、智能营销，以及智能化企业管理、智慧化行业管理等，同时开展行业数字化建设，积累经验加以推广。继续推进企业家与专家联手主动优化结构，落实供给侧措施。

建设主要内容包括三个方面：

（1）制造中心建设。从间隔、高速产品的深度拓展，促进智慧工厂建设；量的增长、质的提升并举，从总量取胜到高质量、多品种取胜；生产数字化、行业数字化……

强化生产企业协作建设。

（2）设计中心建设。建设设计思想体系，采取团队组合研发，开发一批，制造一批，完善一系；提出经编及相关产品的设计引领、研发导向，完善间隔等大类别产品体系……

强化设计研发团队建设。

（3）营销中心（体系）建设。产品流行研究、产品应用研究，快速反应机制，区域品牌、产品品牌、应用品牌……

强化营销联盟（体系）建设。

将首批建设鞋材、箱包、服饰、家居、建筑、汽车等应用领域，开展与应用品牌企业和设计机构、研发机构的联合。

第二篇

经编成型产品

2015 "成型" 发布

2016/2017 高端经编成型产品流行趋势发布

——成型服饰为时尚界刮来一股强劲的暖风

　　2015 年 10 月 6 日，在江苏省宜兴市，2016/2017 高端经编成型产品流行趋势正式发布，来自中国针织工业协会、行业主管部门的领导，纺织服装院校、设计机构的专家，以及服饰营销和原料、机械等产业链的代表齐聚一堂，探讨经编成型产品的市场走势和开发方向。这是国内首次行业发布，也是经编产品作为时尚产品的首次权威、专业发布，设计时尚、制作精美的高端成型产品作为单独产品发布在国际上也是首次。

　　发布分为春夏、秋冬两个主题，产品包括经编袜类、内衣及服饰系列，款式分为小密网型、圆筒型、变化型、个性化型等，面料分为素色、提花、小网眼、大网眼、轻薄、厚重等，同时对产品的流行色彩进行诠释。流行发布充分研究国内外市场，结合最新研究成果和设计作品，充分展示经编成型的优势，体现经编的特征。

　　中国针织工业协会副会长林光兴介绍："经编成型产品是应用双针床经编提花技术及配套的精细化工艺，生产的一种具有立体或较细腻、精确成型效果的服饰产品。这类产品能够充分体现科技与艺术的融合，在确保穿着舒适前提下，充分展示面料的美、服饰的美、人体的美，在时尚服饰领域具有广阔的发展空间。"

专家认为，我国经编成型产品增长较快，虽然一些产品达到国际先进水平，但是生产技术普遍处于试制阶段。业界经过酝酿决定采取产品开发为龙头、技术推进为先导的措施，引导这一新兴行业的健康有序发展。

与会代表认为，成立行业设计研发中心和发布产品导向十分及时，意义重大。宜兴市艺蝶针织有限公司总经理储国平表示："艺蝶公司拥有国际上最先进的成型经编机、一体化生产线，愿为中心的设计、研发及产品试制等提供一切支持。"本次展示的实物作品和创意作品十分精彩，让业内和相关领域一饱眼福，大开眼界。经编行业拥有一些成熟的技术，行业需要加强合作，与相关领域一道走联合开发、共同发展之路。

一、高端经编产品系列

1. 成型内衣系列（图 1）

图 1　成型内衣系列

2. 筒袜系列（图2）

图2 筒袜系列

3. 连裤袜系列（袜配合衣）（图3）

图3 连裤袜系列

二、经编成型织物的创新要点示例

1. 工艺设计创新

根据产品用途遴选工艺，多种提花与特殊设计对接，如连裤袜和服装无缝一次成型，集舒适、时尚于一身；省略裁缝，缩短生产工序，节约时间和成本，设计灵活，种类丰富，节省原料。

2. 设备调整创新

采用电子控制双针床经编机、整经机，根据不同产品和规格、原料对整经张力、送经张力、织物张力进行合理调节；精细调节张力和送经量，控制成型效果，结合组织起到防脱散、防勾丝等效果。

3. 原料应用创新

采用尼龙、氨纶、涤纶等多种原料，原料在5—200D范围，广泛选用，实现产品品种的多样化；采用单色提花、混色提花、双色提花、无底提花、各种网眼组合，充分展示穿着魅力。

4. 电脑设计完善

使用先进经编CAD软件，改变设计模式，进行梳栉分配及原料选择，确定各把梳栉的垫纱运动及相关数据；利用CAD系统进行织物效果仿真。数据存储，直接用于对经编机控制模拟，软件系统连接ERP、QC管理体系。

附　我国首个经编成型产品设计研发中心 在江苏省宜兴市成立

2015 年 10 月 6 日，由中国针织工业协会专家牵头的我国首个经编成型产品设计研发中心在江苏省宜兴市成立（图1）。

经编成型产品设计研发中心是具有国际领先水平的一流设计

图 1　媒体宣传

研发团队，科技创新、时尚设计，汇集行业先进的研发理念和设计思路。研发团队以经编成型产品的龙头企业、国际经编成型产品的高端品牌企业江苏省宜兴市艺蝶针织有限公司（以下简称艺蝶公司）的设计团队为班底，由来自中国针织工业协会和高等院校的专家，以及国际知名的服饰企业和设计机构的人员组成。旨在通过国内外同行的合作，铸就一流产品；引领高端、优化结构、促进产业提升。充分发挥中国针织工业协会专家在产品设计和技术研发方面的优势，发挥院校专家在经编工艺设计、款式设计和用途设计方面的优势，借鉴优势企业在标准制定和产品检测方面的经验，特别是借鉴国际服饰企业、设计机构在市场分析、产品推广和品牌推广方面的经验。例如，"艺蝶"是国际经编成型产品的老品牌和高端品牌。艺蝶公司拥有国际上先进的设备、一体化生产线，拥有专利和国内外产品设计知识产权 200 多个。经过多年积淀，已成为国内领先、国际先进，享誉海内外的经编连裤袜、内衣、服饰等成型产品研发、制造的科技型企业。

经编成型产品设计中心主要设计研发时尚经编内衣、外衣、袜类及服饰等成型产品，引入工业设计理念，设计覆盖产品生产、消费的全过程，包括市场调研、设计创意、原料选用、工艺设计、生产流程、产品检测、用户反馈等诸多环节。旨在完善工艺、提升设计、改进标准、拓展市场，塑造、提升国内经编成型产品、品牌在国内外市场的知名度与美誉度。

（1）完善工艺。充分运用先进设备的优势，通过流程再造和精细化管理，拓展生产原料应用，加强工艺试制和技术创新，突出产品的舒适和美观，引领行业产品开发。

（2）提升设计。突出产品的色彩、款式、版型设计，强化艺术设计的深刻内涵；同时深入研究人体体型，丰富尺寸规格体系，顺应不同人群的审美需求和消费取向。

（3）改进标准。建立高端产品的标准体系和检测指标体系，使产品的生产标准和终端使用标准相结合，同时通过加强检测和完善用户反馈机制，指导生产工艺流程。

（4）拓展市场。研究产品的应用与流行趋势，引领相关服饰消费及个性化消费，拓展有效渠道，塑造、提升国内品牌在国内外市场的知名度与美誉度。

设计研发首席专家、中国针织工业协会副会长林光兴指出："企业成长、行业发展，技术是基础，产品是导向，而设计则是灵魂，成型服饰这个行业更是如此。这一创新行业研发模式，将十分有利于提高研发的效率。成型服饰品依然是'十三五'研发的重点，设计研发中心将坚持时尚设计，进一步发挥成型产品的市场导向作用，发挥推动行业产品提升的示范作用，为时尚界持续注入新的活力。"

与会代表认为，国内外合作、产学研用结合的模式，将有利于提高研发设计的效率。成型针织品依然是"十三五"重点研发产品，希望设计研发中心坚持时尚设计，充分发挥高端经编袜类、内衣及服饰产品的国内外市场导向作用，发挥推动行业产品提升的示范作用。

2016"成型"发布

2017/2018 高端经编成型产品流行趋势发布

2016 年 11 月 11 日，在江苏省宜兴市，2017/2018 高端经编成型产品流行趋势发布。来自行业协会、当地行业主管部门的领导，纺织服装院校、设计机构的专家，以及服饰营销和原料、机械等相关产业链的代表，共同探讨国内外经编成型产品的市场走势和开发方向。

本次发布是在去年首次发布的基础上，拓展发布产品的类别，并将成型产品发布分为两个系列。一是单一产品系列，包括袜子、手套、内衣、外衣、披巾等同类产品组成的系列。二是组合产品系列，由两件或两件以上单件产品组合成的服饰产品系列，如袜子与内衣组合、裙装与袜子组合、内外衣组合、内衣组合、外衣组合、服装与装饰品组合等。

由来自中国针织工业协会、江南大学、天津工业大学、泉州纺织服装职业学院及国际知名服饰企业和设计机构的专家共同参与流行趋势的研究。技术专家从成型编织的角度分析经编成型技术的进展和设计方向，艺术专家从产品时尚应用的角度诠释成型的理念和美化装饰效果，他们共同预测产品的消费趋势。这些解读让在场的成型织物的下游用户、原料供应企业、成型产品的消费者和媒体代表深受启发，大开眼界。

业内专家表示，经编成型还要强化科技与时尚结合，还要应用经编技术服务于时尚产品的开发。大家认为，早在 1996 年全国针织产品开发工作年会上，协会专家就正式提出"经编成型产品体现科技与时尚的结合"的理念。并鲜明指出，这种结合的推进主要体现在针织工艺的完善，包括编织原料的选用与拓宽、编织工艺的改变，进而从源头抓起，改进设备或者制造先进的设备，来完善成型编织。同时提出，这种结合将体现在成型产品款式设计、色彩应用等方面。应当说，多年来，成型工艺研究、时尚设计研究成果丰厚，关键还在于系统应用和整体推进。

经编成型产品是应用双针床经编提花技术及配套技术，生产的一种能够充分体现科技创新、设计与艺术融合的时尚服饰产品。目前，我国一些纺织服装院校对针织成型产品的工艺设计开展深入的研究，取得不少成果。一些龙头企业在产品开发方面进行前瞻性的积极探索，用时尚的产品拓展国际、国内市场，取得品牌推广方面的宝贵经验。可以说，时尚、高端成型经编产品的研发与推广逐步形成完整的体系。这一体系应当联合更多的企业参与，普及先进适用的工艺技术和产品设计知识，共享日益扩大的消费市场。

值得一提的是，化纤原料、针织机械的制造商也看好经编成型产品的未来，积极与经编生产企业探索合作途径。专家们建议，经编成型新产品的开发第一步可以从拓展原料的应用开始，突出产品的舒适性和功能性；第二步可以完善机械制造，体现"完全成型"，生产效率更好，运转更稳定，而且实现智能化、数字化生产。

宜兴市艺蝶针织有限公司储国平表示："一年来，经编成型产品设计研发中心取得不少设计成果。这些成果主要是应用于未来服饰产品的研发生产，但是也有不少成果已经开始应用于生产。成型产品的设计空间很大，如何把握市场则是企业产品开发的关键。为此，经编成型产品的流行趋势年度发布应当形成常态，这对行业是个设计理念的导向。与业内专家和国际同行合作，将更快推出更时尚的产品……"

中国针织工业协会副会长林光兴指出，经编成型产品是时尚与科技结合的一个典型产品。经编成型产品将强化舒适性、功能性，强化美观与时尚，这类产品应用领域将进一步拓宽。本次发布核心在于，对行业的产品设计进行系统性总结，提出新的设计思路和研发方案。发布会上强调，成型产品的组合设计十分及时，组合性设计是一种前瞻性的探索。林光兴还提醒，经编成型产品的制造标准和使用标准必须提升和完善，特别是高端产品可以建立优品标准体系，无论是对国际还是对国内都应如此，引领行业，引导消费。

第一系列：单一系列

经编成型编织体系产品丰富多彩，与其他产品搭配，选择余地很大。产品与纬编、梭织成型产品不同，经编成型产品的面料厚与薄、网眼和提花效果等选择余地更大。产品可以很大，例如服装外套；可以很小，例如船袜。

单一系列产品包括各种袜类（连裤袜、筒袜、小件袜品）、服装类（内衣、外衣和特种服装）及服饰类（披巾、披肩）等。

（1）经编成型粗犷提花外套（图1）。

（2）经编成型弹力内衣系列（图2）。

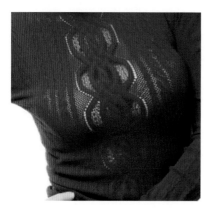 

图1　经编成型粗犷提花外套　　　　图2　经编成型弹力内衣

（3）经编成型筒袜（各种风格的长筒、中筒及短筒）系列（图3）。

图3 经编成型筒袜

（4）经编成型小件袜品（如船袜、休闲一次性袜）系列（图4）。

图4 经编成型小件袜品

（5）经编成型提花连裤袜或筒袜的局部成型设计（图5）。

图5 经编成型提花连裤袜或筒袜的局部成型设计

第二系列：组合系列

组合可以是经编成型产品不同类别的组合，可以是经编成型与纬编成型产品的组合，也可以是经编成型产品及其他梭织产品等的组合。各种组合可以营造不同的主题，在确保穿着舒适、健康的前提下，体现典雅、美观、细腻、整洁等诸多风格。

（1）经编成型内衣与经编成型袜子（例如筒袜）组合（图6）。

（2）经编成型内衣、经编成型短裤与经编成型袜子（筒袜）组合（图7）。

图6　经编成型内衣与　　图7　经编成型内衣、经编成型短裤与经编成型袜子组合
　　　经编成型袜子组合

（3）经编成型内衣与经编成型连裤袜组合（图8）。

（4）经编成型服装之间的组合（图9）。

图8　经编成型内衣与经编成型连裤袜组合　　图9　经编成型服装之间的组合

（5）经编成型袜子与经编提花服装的组合（图 10 ）。

（6）经编成型服装、经编成型袜子与机织服装的组合（图 11 ）。

图 10　经编成型袜子与经编提花
服装的组合

图 11　经编成型服装、经编
成型袜子与机织服装的组合

2017"成型"发布

2018/2019 高端经编成型产品流行趋势发布

2017 年 10 月 6 日，2018/2019 高端经编成型产品流行趋势发布会在江苏省宜兴市举行。来自行业协会、行业主管部门的领导，纺织服装院校、设计机构的专家，以及服饰营销和原料、机械等相关企业的代表，参加了发布活动，并共同探讨经编成型产品设计研发与市场需求走势。

本次发布对各主要类别产品的设计进行概括和总结的基础上，提出成型产品设计的细节效果和整体美感。

一是成型面料的细节效果，主要从设计的科技层面和生产的技术水平看。关注织物的成型编织方法、组织结构，以及纱线弹性与组织结构的结合等，使织物达到细腻、平整和花纹准确等效果。

二是成型服饰的整体美感，主要从设计的艺术层面和制作的总体效果看。关注成型产品的整体和终端产品的实际效果，强调服饰的艺术表现，主张服饰不仅展示人体的美而且能够完善这种美感。

流行趋势发布汇聚了行业最新设计的作品和艺蝶公司创新设计的产品，总体分为春夏、秋冬两个主题，有的则分为春、夏、秋、冬四季产品。发布强调，成型产品种类很多，包括袜子、手套、内衣、外衣、披巾产品等，同时品类还在拓展，规格款式还在增加。由两件或两件以上产品组合成的成型服饰产品系列依然是产品开发的方向，要求产品具有一定的时尚表现力。

针织成型产品能充分体现科技与时尚的结合。而经编成型产品不仅具有良好成型效果，而且具有提花较大、花纹丰富及款式变化多等诸多优势。随着科技创新的推进和先进生产技术的普及，行业设计水平得到提高，成型经编面料在时尚服饰领域正在扩大应用。一些具有国际先进设计水平的优势企业对行业引领作用明显，对消费发挥导向作用。高端经编成型产品流行趋势发布始于 2015 年，今年是第三次。作为权威发布在国际上已经形成影响力。

经编成型产品设计研发中心对国内外经编成型产品的设计与技术状况、生产与市场走势进行深入研究，对未来几年的流行趋势，包括成型产品的主流色彩、款式设计、品种与规格的拓展等进行深度研究，为企业生产提供导向。设计研发中心为本次发布提供了产品设计基本素材，包括主要原料的应用、设备的进步和设计的改进，以及国内外市场的需求与流行状况。

与会专家高度认可成型产品流行发布，认为近三次的年度发布涵盖主要类别的成型产品，内容十分详尽，为设计注入新活力。发布会列举其一，实际生产可以形成系列；发布会提出设计理念，结合具体品类可以形成多种设计方案。这种发布接地气，距离生产实际较近。流行研究达到国际先进水平，发布具有国内外行业前瞻性，开创成型产品趋势发布先河。

宜兴市艺蝶针织有限公司总经理储国平认为："经编成型产品设计研发中心从设计角度和市场角度，开展了卓有成效的工作。国内外同行合作，有助于成型产品的时尚研究资源整合。设计是整个产品开发工作的灵魂，设计与流行相关，而设计必须先行，一些连裤袜、筒袜产品持续流行就是因为设计领先。编织成型产品的开发必须具有时尚思维，同时结合市场，挖掘其中各种潜质。"

产品设计与技术研发专家、中国针织工业协会副会长林光兴指出："成型编织不仅仅是提高劳动生产率和原材料利用率等体现生产技术水平的问题，更重要的是造就具有较高艺术设计水平的产品，推动针织产品走向时尚的问题。所谓高端，指的就是创新设计和高新技术。发布流行趋势就是对未来产品设计、制造和消费的科学判断。发布要做到推崇时尚设计，倡导技术引领。"

近年来，我国经编成型产品增长较快，主要体现在一些先进实用的技术得到普及，试制的较高端产品生产技术得到突破，优势企业的特色产品和高端产品在国内外市场影响力进一步扩大。经编成型产品设计研发中心运转两年来，大力开展基础研究和弘扬先进的设计理念，设计覆盖产品生产、消费的全过程，包括设计创意、生产流程、用户反馈等环节，形成工业设计体系。同时，该中心充分发挥团队优势，整合国内外资源，发挥专家的产品设计优势，工艺设计、款式设计和标准制定的优势，成果较大。

主题发布之一：成型面料的细节

针对袜子（连裤袜、短袜）、塑身内衣、成型外衣等各类产品的面料。产品各部位都必须综合考虑弹力适中，成型面料保持相对平整，花纹准确、一致，织物的密度、网孔的大小。既要考虑成型细节，又要考虑提花效果，有时可通过改善弹性对成型性加以修正（图1）。

图 1　成型面料细节

主题发布之二：成型服饰整体效果

针对内衣、内衣与袜子组合、外衣与服饰组合等各类产品的整体
效果。主要展示时尚、典雅、个性和美感，通过设计可使服饰整体达
到浑然一体的效果（图2）。

图2　成型服饰整体效果

2018"成型"发布

2019/2020 高端经编成型产品流行趋势发布

2018 年 10 月 6~7 日，2019/2020 高端经编成型产品行业流行趋势在江苏省宜兴市隆重发布，经编成型产品设计研讨会同期举行，与会代表共同探讨经编成型设计的未来。这是国际性行业权威年度发布和年会，来自行业协会、行业主管部门的领导，纺织院校、设计机构和营销领域的专家，以及服饰、原料、机械等相关企业的代表参加了活动。

活动主题：经编成型产品与圆机、横机产品对接，突出强化时尚性、舒适性与实用性。

（1）色彩研究。从国际趋势上看，黑色、白色是永恒的流行色，偏暖色是未来主色调，各种灰色系列与灰色的混合系列产品将带来广阔的设计空间。就经编结构而言，色彩必须与花纹、线圈结构配合，把握总体色彩效果。

（2）造型设计。通过对织物弹性、密度、规格尺寸的有效控制达到良好成型效果；通过平纹组织与各种提花组织、网孔结构等的有机配合体现艺术潜质；定位编织必须把握花纹的总体效果，花纹结构的完整性等。

本次发布根据林光兴提出的针织艺术学的基本原理，从造型艺术、色彩应用等多方面对流行趋势进行系统研究。"原料选用方法""面料讲求舒适""色彩极为关键""成型重在整体""细节决定档次"等系列产品突出某一设计主题。多种经编成型系列产品、经编成型与其他产品配套系列产品，都体现技术、时尚的引领。

中国针织工业协会副会长林光兴做了《针织成型产品设计与应用的前景》的主旨报告，带来了时尚的设计理念和设计思路，使与会代表受益匪浅，引发了代表的热议。他从色彩应用、织物结构和廓形纹路设计等多角度出发，分析成型设计的技巧和关键点，强调成型设计要把握好版型和造型、外观与舒适的各种统一，通过完善工艺技术实现成型的衣、帽、鞋、袜、罩、套、垫、筐、管、筒、帘、巾等"都可织"。

林光兴认为，经编成型产品的制造标准、使用标准及优品标准体系逐步建立和完善，这对行业是个规范，软件应用、标准检测和智能制造得到提升，正在推动设计提升。专家提醒，面料设计要关注织物结构、纤维纱线、染整处理，才能达到最终效果。作为一门艺术，针织成型设计塑造袜子、内衣、外衣等服用产品和家居用品、装饰类产品的成型效果和时尚特征，具有广阔空间。

发布得到广泛关注，国内外研发机构、生产企业和院校等领域的代表展开了深度交流。大家认为，国际的设计合作与交流，特别是优势企业长期合作与交流，使经编成型产品的规格齐全、花纹丰富、款式多变，也给产品设计带来源源不断的思路。而经编成型产品设计研发中心多年来大力推动设计资源的有效整合、利用，联合国内外机构及院校、应用领域的专家开发高端经编成型产品。

宜兴市艺蝶针织有限公司总经理储国平认为："国际上针织成型产品开发与使用稳步发展，产品逐步升级，影响逐步扩大。我国的部分品牌产品在生产技术方面具有的较大优势，品种、用途都得到拓展，做到了引领消费；在艺术设计方面也取得较大进展，时尚的色彩、款式等都得到许多国际品牌的青睐，不少产品长期引领时尚。未来产品量的增长是必然的，但是低质化、雷同化产品还必须杜绝，自主知识产权的保护仍然是行业一个大问题。产品具有时效性，还会出现多年后流行回归，这是产品流行的规律，艺蝶公司联合国内外设计师，坚持把握前沿技术，开发大量高端产品，这是推动产品设计符合消费潮流的关键，也是开展流行趋势发布的基础。"

在演示环节，大家对形态与色彩的设计，对提花、间隔、网孔等最能体现平面与立体成型的设计，对不同用途面料的设计进行热烈讨论，一致认为，成型不是能不能做的问题，而是做得更合适、更好的问题。

（1）舒适决定出路（图1）。

图1　注重舒适性

（2）色彩引领潮流（图2）。

图2　注重色彩设计

（3）成型重在整体（图3）。

图3　注重整体效果

（4）细节关乎档次（图4）。

图4　注重细节设计

（5）原料拓展品种（图5）。

图5　拓展原料应用

2019"成型"发布

2020/2021 高端经编成型产品流行趋势发布

在举国欢度国庆的气氛中，2020/2021 高端经编成型产品流行趋势发布于 2019 年 10 月 6 日在江苏省宜兴市隆重举行，2019 成型产品设计研讨会同时举行。来自经编及服饰、原料、机械等相关企业的代表，纺织院校、设计机构的专家，以及行业协会、行业主管部门的领导参加了发布会。

本次发布主题是"融合与创新"，包括三个层次，或者成型设计"三融合"（对成型设计的诠释之一）、"三步曲"：第一，常规结构与多种用途的组合；第二，经编技术与新型原料的结合；第三，传统工艺与设计创新的融合。发布提供了设计的基本素材：一是常规产品的提升，以袜子为主；二是相关应用的拓展，以服装为主；三是成型产品的融合，以服饰配套为主。

从色彩看，黑色、白色作为永恒的流行色，可以与其他图案、色彩组合；偏暖色、各种灰色和稳重色调是成型服装、装饰品的可选色；总体上看，偏暖色、冷暖兼顾、灰色系列、混色系列，将会持续较为长久。

从造型看，密实组织成型服饰发展迅速，对于织物"织可穿"效果要求较高，外穿服装设计空间较大；服装、饰品规格尺寸需根据时尚、个性和特种要求进行设计；平纹组织、网孔组织与提花组织应用比较均衡，发挥各自特点而不是混搭；总体上看，成型设计会遇到编织难点，但最终产品还是要以造型艺术作为评判标准，因此要根据造型艺术对工艺设计进行取舍。

由产业链企业及国际知名设计机构的专家组成的经编成型产品设计研发中心，深化技术、产品、市场三个层面工作。

（1）技术进步层面。推行原料应用、装备改进、技术完善、工艺流程和生产管理，推行研发的单一系列、组合系列方案。

（2）产品设计层面。提出成型产品的主流色彩与款式设计、品种与规格的拓展，提出从面料设计到成品设计、细节和整体的设计等创新设计要点。

（3）市场导向层面。研究国内外需求走势，特别是国内生产与市场走势，提出新的设计思路、取得的成果，主要用于未来服饰的研发，部分形成具体品类。

高端成型产品发布活动持续5年。5年对经编行业往往是一个产品周期：技术推动产品的成长，产品推动消费增长和趋缓的过程。成型技术是针织的传统技术和特色技术，得到不断演绎，应用得到快速拓展。而经编成型技术以包揽粗犷、细腻等诸多风格见长，其产品占有较大的量，产品周期超5年。

代表坦言，连续的年度发布见证成型产品的发展。定位成型与定位提花、分离技术与修边技术、计件产品与系列产品、智能化设计与制造等都在经编行业有序推行。产品的精细化体现在各部位成型细节和整体效果（弹力多一点多余，少一点不足）。成型具有了整体性，如服与饰，衣、裤、裙和袜子、手套等组织结构可以一致，采用原料可以相异，编花花纹相互协调，成型韵味相互呼应。

中国针织工业协会原专家委员会委员陈自义认为："高端成型经编产品流行发布涉及具体产品设计与应用，十分难得，协会专家讲过，发布是在'教'同行干什么，'教'下游怎么用。这一发布的模式创新已经为面料产品发布提供十分有益的借鉴，可为行业发布提供十分有价值的借鉴。高端经编成型产品流行研究把对流行色的研究作为首要工作，这是针织服饰流行研究的一大进步、一大创举。今年的发布，提出时尚色彩、冷暖搭配、色彩与图案的协调等理念，是给服饰生产和消费提供向导。"

中国针织工业协会原专家委员会委员魏子忠分析："纬编成型的品类似乎更多，如传统圆机、横机。行业领导指出，经编成型优势在于粗犷中见细腻，这一特色得到市场认可。成型结构与规格的实现，技术上难在两个方面，一是成型工艺，二是产品性能（如衣着的舒适性），开发需要长期进行。国内有少数企业花大力气投入，开发保持领先，因此知识产权保护十分重要。国际上的名牌产品与我国优势产品生产没有差别，但是国内流行研究滞后，艺蝶公司的产品研究和流行研究达到国际先进水平，希望艺蝶公司引导行业多做工作，相关行业组织和院校在这一方面也要深入研究。"

宜兴市艺蝶针织有限公司总经理储国平指出："针织行业成型产品开发已有 30 年以上历史，已经建立起国内外联合设计的机制，流行趋势的研究则是这种机制的升级版，必须结合市场，不断创新思维，挖掘其中各种潜质。高端流行趋势常态化年度发布，已经形成一定的国际影响，设计理念得到广泛关注和高度认可，其原因在于体现产业链智慧。设计思路和流行元素的提出，如同系列产品的领先研发与不断完善，需要一定的周期，都是下了大功夫的。艺蝶公司许多新产品开发也是几十年磨一剑，这种产品在国际市场往往能够打开局面，今后将继续整合国内外设计资源，推进产品对消费的引领。"

第一，常规结构与多种用途的组合。对于经编成型产品，"型"首先是织出来的，然后才是穿出来的；"织"收针、加针、变换密度，现代工艺、当今技术都能实现——型为本（图 1）。

第二，经编技术与新型原料的结合。"型"的实现依靠原料、编织和染整，必须从采用常规原料和采用差别化、功能性化纤、天然纤维出发，结合相应后整理技术，确保服用健康的同时，完善版型与外廓，生产精品——健为基（图 2）。

图1 型为本

图2 健为基

第三，传统工艺与设计创新的融合。内衣、外衣、休闲装、裙装、袜子、饰品等，从美体、休闲、运动、个性化使用要求中寻找流行元素，进行工艺组合，在新的起点上设计新品——融合是方向（图3）。

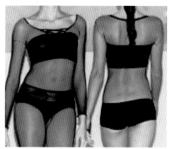

图 3　融合是方向

2020"成型"发布

2021/2022 高端经编成型产品流行趋势发布

　　成型是针织行业的灵魂，随着消费的升级，成型理念得到拓展，成型产品备受青睐。国内外具有影响力的 2021/2022 高端经编成型产品流行趋势发布如期而至。

　　2020 年 10 月 6 日至 7 日，江苏省宜兴市，集专业性与普及性的成型经编产品发布活动达到新的高度，2020 经编成型产品设计研讨会同期举行。

　　参加本次活动的代表包括：各类经编、服饰生产、经营企业的代表，设计机构和院校的专业人员，经编及相关领域的专家等。值得一提的是，许多对于针织成型产品具有高度兴趣的相关领域代表（针织成型产品潜在客户）也参加了观摩活动。

　　本次高端经编成型产品发布的主题是：融合设计、系统设计与应用提升。融合就是自身的设计理念与方法的融合，同时还是针织与相关领域的设计融合；系统设计就是产业链的共同设计、制造与消费的共同设计。发布产品分为三个方面：

　　第一，成型的工艺设计引导成型的时尚应用，主要针对传统成型系列产品，如内衣、服装、装饰等。

　　第二，成型的时尚应用倒推成型的工艺设计，主要针对需要提升的系列，例如棉制、短纤纱制成型产品，功能性、舒适性和特种应用的系列产品。

　　第三，成型设计与时尚应用相互促进、相互融通，主要针对现有产品、正在提升的产品和未来开发的产品，鼓励个性化设计，鼓励使用者参与设计，鼓励融合设计与系统设计，发挥针织的最大效能，发挥针织工艺的最大效能。

　　宜兴艺蝶针织有限公司制作了常规及复合类经编成型产品，突出成型产品的时尚特性，突出多年引导国际服饰品牌的成型面料。经编成型产品设计研发中心开展团队的创意设计和部分系列产品设计。

　　发布环节从色彩研究、造型设计、性能完善三个方面，对经编与圆机、横机产品进行对接，分析成型设计前景；展示设计专利、技术专利，前瞻性的工艺设计与设备改进方案；重点诠释内穿服装、外穿服装、休闲、运动及健美系列与功能性、装饰性产品的智能设计等，这是对成型产品的体系化研究，提出体系化理念。体系化设计研究这一概念是行业专家于1990年之前在福建长乐提出，当时是针对高速经编产品的分原料系列、分工艺系列和分用途系列而提出的设计理念、设计方法。

　　发布团队认为：我国高端成型产品在国际上一直有影响力，这些年对于许多服饰品牌的渗透力、引导性在加大。当然，行业应该加强自律，鼓励和引导高端产品的生产，关键还要强化设计引领，技术引领，否则可能可能出现同类化、低端和加剧竞争的局面，高端产品的关键在于设计的融合，在于设计师的联合，优势企业的设计师是一个团队，从机械、原料到面料，从制造到应用多方配合的团队。

　　与会各方面代表展开研讨。行业专家对于针织行业生态、融合与提升进行深度诠释。指出：高端成型产品发布在于寻找针织产品提升的一种出路、一个方法。成型产品设计不仅仅在于成型的塑造，更包含设计的融通、融合，关乎行业的绿色、时尚发展。又指出：高端成型产品历经三十多年，经历了产品的单一设计与研发，到产品的系列开发与推广，再到近年来的供需与产业链联合开发的历程；经历了从经编、针织的工艺设计到装备的改进，从制造环节到多个消费需求环节的过程。与会代表认为，本次发布重点突出设计与制造的理念发布，这种发布模式是成型产品行业发展的需要，对于相关行业发布活动也产生了积极的示范作用。

2021"成型"发布

2022/2023 高端经编成型产品流行趋势发布

2022/2023 高端经编成型产品流行趋势于 2021 年 10 月 6 日在江苏省宜兴市发布，2021 年成型产品设计研讨同期举行，仍旧采取"线上"＋"线下"的形式，同时采取网络同步直播。来自经编行业及服装、家纺、装饰、配饰、纺织原料、针织机械等相关领域的代表，纺织院校、研究机构和设计机构的专家，行业协会、行业主管部门的领导参加了发布会。

发布的主题是"创新的前景——经编成型进一步服务于时尚"。发布要义：色彩、形状、组合，即从选择色彩开始，造就多姿形状，组合成所需的产品；或者根据所需的产品，造就所需形状，搭配各种色彩。

色彩：红色冠于各种色彩，彰显智慧、永恒；浅色为常规色调，展现朴实、整洁。

成型：研究"织可穿""皆可织"的原料应用、编织工艺改进。

组合：针对十大品类产品设计提出初步完善的方案。

设立在宜兴市艺蝶针织有限公司，由国内外合作组建的成型经编产品设计研发中心，通报具体工作。

（1）技术进步层面：继续推行原料拓展、装备改进、技术开发、工艺与完善管理，强化技术的普及和融合性技术的再开发。

（2）产品设计层面：继续推行成型产品的主流色彩、款式设计、产品应用拓展；在成型多样化的基础上，强化设计推动技术开发和应用推动设计。

（3）市场导向层面：继续研究国内外需求走势、市场走势；强化新的设计思路拓展，形成更多具体品类的消费引导。

本次发布会对经编类成型产品做了系统发布，产品包括服装类、佩饰类、特种用途类和产业用类；同时，对经编成型与传统纬编成型品类、传统横机成型品类，进行比较研究，对圆机类、横机类成型流行趋势研究提出系统建议。

线上与线下互动，主要围绕流行产品的走势、技术开发的重点和市场需求的导向展开。专家认为：经编产品时尚周期5年，从2015年的成型产品发布，到2020年的成型产品发布，产品类别，特别是产品的规格、风格得到很大提升。逐步完成两大任务：一是织造与设备、原料等上下游如何联合设计，如何联合开发；二是应用领域如何高效应用，如何联合设计。专家指出，贾卡技术用于花边，用于成型，多针（三针、四针）技术和双多针技术，对成型帮助较大。

成型流行研究对于国际产品开发与应用已经产生较大引导，一是引导相关行业的产品开发与产品应用的持续提升，二是引导相关研究机构、设计机构和高等院校在这一方面开展更加深入的联合研究。

关于经编成型的局限性、经编成型与圆机成型、横机成型的比较，本次发布从工艺设计方法和实际产品样本，分析各类成型的特点，认为横机的"型"包括编织的"型"和弹力的"型"，经编的"型"主要是粗犷，同时粗犷向细腻延展。

图1和图2所示为常规的和发展的横机成型实例。

图1　常规的横机成型实例　　　　图2　发展的横机成型实例

附　研发总结：高端经编连裤袜的研发方向

20世纪90年代开始，经编成型产品逐步在国际上受到推崇。业内开始研究针织成型和经编成型原理，提出双针床经编工艺及与贾卡技术结合等方式设计成型基本原理、机械调试方法。经编成型类产品（包括袜类、内衣、塑身服饰等）被列入"九五""十五"行业重点扶持产品。

一、高端经编连裤袜的需求趋势

服饰是现代生活的必备物品，而且随着生活水平的提高，时尚服饰处于越来越重要的地位。质量优、款式新、规格全的时尚连裤袜，特别是风格独特的经编连裤袜一经推向市场，就受到消费者的青睐。经编高端连裤袜因无缝、提花、塑身，以及优质、典雅、美观诸多特性能够较好地顺应时尚需求趋势。

1. 装饰性、时尚性是趋势

连裤袜作为女性的主要服饰之一，能呈现丰富的个性，展示独特魅力，适宜女性在工作、生活、娱乐、交际等不同场合穿用，已经从一般服饰向职业装、时尚装拓展。

经编提花种类多，图案和色彩搭配丰富，面料薄厚选择自如，还可以通过无缝对接方式实现连裤袜完美的成型效果。高端经编连裤袜体现时尚的方法很多。织物轻薄与透明，提花细腻与粗犷是基本设计方法，根据不同体型塑造不同风格的成型效果更是经编的特色。连裤袜有助于塑造腿部的良好形态和外观：深色连裤袜穿着时能使腿部看起来苗条，浅色连裤袜使腿部显得淡雅，与肤色接近的连裤袜给腿部一个匀称视觉效果，黑色等颜色连裤袜则产生一定的视觉冲击。透明薄连裤袜能够增强腿部的观感，还能对腿部有修饰作用，改变腿部的视觉效果，与服饰搭配展现人体美。意大利、法国一些本土产品（品种十分有限）价格高于国内产品几十倍，主要原料为化纤，但成品时尚美观，款式变化快，色彩十分丰富。

2. 舒适性、功能性是基础

连裤袜作为一种纺织服饰产品，除了常规服用外，还具备防风、防污、吸汗快干、耐磨、易打理等特点。

高端经编连裤袜必须在美观的前提下，确保舒适健康。连裤袜常常具有促进腿部的血液循环、收腹、提臀和防护作用。夏季穿着能吸收、阻挡大部分紫外线，具有放热的效果，对腿部肌肤起到保护作用。连裤袜在秋冬季节具有腿部保暖作用，防止产生疾病隐患。连裤袜解决了丝袜（包括长筒袜）容易向下卷边滑脱的问题，穿着时较为舒适。多种纤维制成的连裤袜作为一种服装，产量不大但品种丰富，经编类厚实连裤袜产品销量也有一定的增长。欧、美、日市场连裤袜在舒适性方面十分突出，无论是薄型还是厚型连裤袜，都具有弹力适中、手感丰满、装饰性适中等优点。

国际市场连裤袜的需求与内衣等相关配套产品息息相关，在纺织服装许多品类销售低迷时，成型产品，特别是高端无缝提花连裤袜类产品依然趋旺。

二、高端经编连裤袜的研发方向

连裤袜生产企业对产品的认识和生产工艺水平差异较大，高端连裤袜设计生产技术是一个行业难题，从优势企业的经验看，应当把握以下三个方面。

1. 设计体现科技和艺术结合

连裤袜设计采用传统的双针床工艺，结合贾卡提花、梳栉提花，通常配以网孔组织和平实地组织，通过织物密度和弹性的变化，确保成品的时尚、美观。必须借助连裤袜专用计算机辅助设计系统进行花纹设计，模拟织物花纹效应和最终连裤袜成品的成型效果。常用的多梳提花、双色提花、常规提花、隐形提花、渔网提花、无编链提花等织法都以最终产品的艺术效果为准，搭配使用。经编设计的一大优势在于能够做到大面积提花各一次成型，产品无须缝合。在设计过程中，可以不断修改组织结构和工艺参数，使织物的花纹、成品的成型达到良好的艺术效果。还可以根据需求的变化快速变换花纹，适应多品种的生产，使产品应用领域不断拓宽。

2. 生产达到高效与优质兼备

高端连裤袜首先是时尚产品，流行周期可能较短，这要求生产在保证质量的前提下达到快节奏，确保高效。产品必须具备一定的使用性能，且质量能满足要求，例如不脱散、防钩丝、布面平整等。这就要求生产过程控制从纱线筛选、工艺优化、染整加工等方面进行。例如，各把梳栉的送经控制和张力系统，染整中根据不同织物总结出合理的张力曲线等。生产流程必须适应快节奏，这就要求企业有一套适合自身特点的生产自动控制系统，确保工艺参数的执行，例如针对不同特性的原料、不同品种的生产工艺软件和生产管理系统。

3. 标准检测做到引导生产与消费

连裤袜检测指标体系有待完善，需完善生产流程标准和产品检测标准。优势企业应当根据国际服饰企业对产品的一般要求，从外观指标和内在指标两个方面，从原料检测开始涵盖生产全流程，制定相应的内控标准和检测方法。标准检测指标体系能及时指导生产，对生产工艺进行检验，必要时修正生产工艺。标准检测指标体系还能引领消费潮流，每一种新产品、新款式、新版型的推出都有相应的标准配套，促使企业在与国内外用户的互动中改进生产，得到提升。

对影响织物生产的工艺的指标进行试验研究与分析，通过对织物的编织、染色和服用性能测试分析，优化工艺，确定最优编织、染色及后整理工艺。

经编高端连裤袜是属于经编一次成型产品，无缝提花，无须太多裁剪、缝合，缩短了生产工序，品种丰富，规格齐全。

三、高端经编连裤袜的生产创新（实例）

高端连裤袜生产主要流程：原料的筛选、组织结构选定、设备调试、成型产品整理等，借助计算机软件和经编机控制技术，完善工艺流程（图1）。

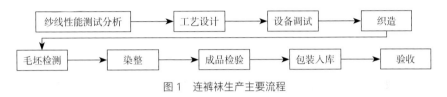

图1 连裤袜生产主要流程

1.原料应用多样化

通常采用尼龙、氨纶、涤纶，规格在5~200D范围广泛选用，实现产品品种的多样化。高端经编连裤袜必须尝试新的原料，主要从功能型纤维、差别化纤维入手，同时拓展棉、毛等天然纤维的应用。用于经编连裤袜的纱线只要满足编织要求，如具有强力，表面光洁、无毛羽，柔软有弹性，能减少断纱等疵点。开发最优化的编织工艺，开发单色提花、混色提花、双色提花、无底提花等工艺，就能开发大量品种。天然纤维等连裤袜的舒适性必然是引领消费的一种手段。

2.工艺设计新颖化

工艺优化方式较多，例如，采用无缝无底双贾卡设计，即前片贾卡（第一贾卡）设计和后片贾卡（第二贾卡）设计就能开发高端产品，而结合编链提花织法则是一种高效工艺。

经编袜和纬编袜相比，优点是不易脱散，结构牢固、耐穿；缺点是经编袜的编链太粗，舒适性略不足。通过改变组织（无缝无底），可解决经编袜编链太粗的问题。织物组织垫纱数码：

GB2：1-1-1-1 / 0-0-0-0//

PJB3-1：1-0-1-1 / 1-2-1-1//

PJB3-2: 1-0-1-1 / 1-2-1-1//

PJB4-1: 1-1-1-2 / 1-1-1-0//

PJB4-2: 1-1-1-2 / 1-1-1-0//

GB5: 1-1-0-0/0-0-1-1//

使用贾卡针在缺垫纱处织一针重经组织，使缺垫纱处的舌针勾到一根相邻针的纱线，采用这种做法生产的产品既平整又舒适。

3. 生产流程精细化

采用电子控制双针床经编机进行生产。根据成型要求，对整经张力、送经张力、织物张力根据不同产品和规格、原料进行合理调节，掌握一套科学的整体张力调节措施和送经量的控制办法，确保织物成型效果，结合织物组织起到防止脱散、预防钩丝等效果。前处理各工序对织物的染色性、尺寸稳定性及手感的影响很大，必须选择好工艺流程并严格控制好工艺条件。前处理的目的是改善织物的吸水性、渗透性，并提高织物的白度，利于染料的吸附、扩散、呈色，以便达到优异的染色效果。符合环保清洁要求的最优化染色技术，结合人体穿着需求，得到关键性后整理技术。

4. 生产管理智能化

经编连裤袜采用 CAD 设计系统，改善设计工作模式，做到人机对话。通过 CAD 设计系统进行梳栉分配及原料选择，自动确定各把梳栉的垫纱运动，从而确定各把梳栉的花型数据，最终还可以记录各项数据，并把这些数据保存到软盘上，直接用于对机台的控制，方便快捷。软件系统结合自身实际改造，具备 ERP 管理和 QC 管理体系，确保生产过程严格符合工艺设计要求。纤维相关性能的研究分析，面料热湿舒适性、接触舒适性及运动适应性研究与分析，经编无缝提花连裤袜组织结构设计与织造工艺开发，功能性纤维连裤袜的染色后整理工艺研究与开发，高端经编无缝提花连裤袜性能分析，功能性纤维连裤袜的功能测试。

第三篇

双针床经编绒类产品

2016"绒类"发布

2017/2018 双针床经编绒类产品流行趋势发布

——绒类，双针床经编绒类远航

　　2016 年 12 月 26 日，江苏省常熟市梅李镇——中国经编名镇，2017/2018 双针床经编绒类产品流行趋势发布活动举行，来自行业协会、当地行业主管部门的领导，纺织服装院校、设计机构的专家，以及服饰营销和原料等相关产业链的代表参加。

　　发布分为三个方面：一是根据产品的绒毛高度划分，包括短绒、中绒、长绒系列；二是根据绒布后整理的方式划分，包括印花、轧花、刷花及与提花的各种组合系列；三是根据绒布的仿真类别划分，包括兔毛绒、虎豹绒、狮子绒、仿裘皮和毛皮系列等。产品用途包括服装面料（包括裘皮服装）及辅料、家纺面料及装饰面料、玩具面料及婴童用品面料、毯类及其他面料。

　　双针床（舌针）经编机编织这类织物，便于达到色泽鲜艳、花型立体感强、手感丰满的效果。工艺特点：织物纱线由编链纱、衬纬纱和毛绒纱三组纱线组成。其中编链纱、衬纬纱主要编织底布，毛绒纱是绒布的主体。衬纬纱是织物的根基，对于织物的厚度也产生影响；编链纱发挥握持衬纬纱、毛绒纱的作用，对于稳固织物结构也起到一定作用；毛绒纱编织毛绒部分，使织物产生毛绒或者称为立体结构。产品设计主要考虑绒毛特征、绒面风格、面料特性等方面。绒毛特征包括绒毛高度、绒毛密度、绒体的柔软度，绒面风格包括绒面光泽、色泽、细腻度、粗犷度和绒毛表面分布状况，面料特性包括面料的悬垂度、面料的平方米重量、面料的规格尺寸等。进入 21 世纪，如同行业协会预测的那样，绒类产品整体需求平稳，消费格局会发生新的变化，中低端品牌市场逐渐萎缩，而中高端产品市场会逐步扩大，国内的消费升级以中高端市场为主，舒适性面料、时尚性面料、功能性面料、低碳环保型面料需求不断增大。

产品趋势：绒类面料在舒适性方面有优势，在时尚性方面有特点，应当继续保持。而功能性的许多方面需要大力拓展。采用功能性纤维编织，经过特殊的后整理，就能生产多种经编功能性绒类面料。产品差异化是方向，体现在质量和创新等方面，具有较高创新特征的差异化绒类产品将会销售良好。绒类产品的提升，必须通过科技创新，瞄准国内外经编产品的先进水平，不断推出新品投放市场；要求从生产技术到产品设计，把控产品生产和产品性能的各个环节……以此缓解产品的类同与同质化竞争。

专家认为，梅李镇应当以骨干企业带动一般企业，引导产品开发从相对单一分散向产品群、产业链配套发展，形成专业特色和规模优势。坚持"三品"战略为导向，在做大做强的同时，注重工艺改进、做优做精，通过拓展原料和产品设计，增加花色品种。通过后整理的技术改造和提升将常规产品进行创新，做出高附加值。拓展经编原料，主要是涤纶、锦纶、腈纶、氨纶等合成纤维的差别化、功能性。积极探索天然纤维、人造纤维及混纺纱的应用，扩大生产品种。

常熟市群英针织制造有限责任公司董事长、常熟市梅李镇经编印染协会会长蒋建良表示：双针床绒类产品经历近 30 多年的稳步发展，已经形成一个较为完整的生产加工体系。作为双针床绒类产品生产的龙头企业之一，群英公司长期致力于产品开发，对产品的创新有较多的研究。首先必须掌握产品选用原料，其次必须掌握产品加工工艺，最后必须掌握产品的最终性能和用途。这三者需要综合考虑。同时，企业实行精细化管理，优化产品制造，大力推进产品创新创优，创立行业有影响力的品牌，提升品牌影响力，为持续稳步发展营造新的基础。

中国针织工业协会副会长林光兴提醒，加强双针床经编绒类产品开发，还要推出企业、行业的优品标准体系，发挥优品标准引领和示范作用，带动整个中小企业的技术提升。无论是在国际还是在国内，引领行业，引导消费。生产与销售联动，鼓励企业开发新产品，提高产品档次的同时，完善产品的规格。加大区域品牌的建设，国内外市场上加快梅李经编这一独特的区域品牌的建设步伐。

本次发布作为一次基础发布，主要从生产的技术层面出发，对于常规产品制造与应用进行概要描绘。

一是根据产品的绒毛高度划分，包括短绒、中绒、长绒系列（图 1~ 图 3）。

图 1　短绒　　　　　　　　　　　　图 2　中绒

图 3　长绒

二是根据绒布后整理的方式划分，包括印花、轧花、刷花及与提花的各种组合系列（图4~图6）。

图4　提花

图5　印花

图6　轧花

三是根据绒布的仿真类别划分，包括兔毛绒、虎豹绒、狮子绒、仿裘皮和毛皮系列等（图7~图10）。

图7　兔毛绒

图8　虎豹绒

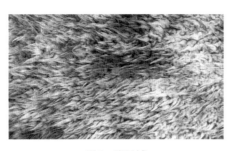

图 9　狮子绒

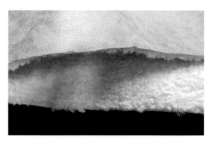

图 10　仿裘皮和毛皮系列

2017 "绒类" 发布

2018/2019 双针床经编绒类产品流行趋势发布

2018/2019 双针床经编绒类产品流行趋势，于 2017 年 11 月 11 日在江苏省常熟市梅李镇发布，来自行业主管部门和行业协会的领导，纺织院校和设计机构的专家，原料、机械和绒类营销等相关产业链的代表参加了活动。

发布从两个方面进行。

一是从面料的加工、特性及用途划分：包括短绒、中绒、长绒系列，轧花、刷花、提花系列，仿真、绒毛、裘皮、毛皮系列；柔、弹、薄等系列。还可分为服装及服饰面料、家纺及装饰面料、毯类面料、玩具面料及其他面料。

二是针对面料的主要应用，重点分为三个主题：

（1）感受温馨。绒毛细密、色泽柔和，面料悬垂、质地平整，成衣及其他制品精致和谐；透气而且透湿，柔软甚至绵软，构成成品舒适的基本要素；成品充分体现休闲、个性、高雅，追求消费之广。这是绒类的本真。

（2）体验多彩生活。高雅、休闲、个性的正装，服饰、玩具、床品、家居等领域的产品琳琅满目，装点不断变化的世界，帮助人们适应五彩缤纷、闹中取静的都市生活和田园生活，追求生活之美。这是绒类的拓展。

（3）贴近自然。舞动身姿的黄叶、纤尘不染的白雪，这是大自然带来的纯美；深林里、蓝天下漫步或者嬉戏，可以感受本应属于我们的惬意，还有自然纹理、底色、风范……这是设计的灵感源泉，爱护自然、维护生态油然而生。这是绒类的升华。

双针床经编绒类产品在经编产品中舒适性、时尚性、环保型用途和跨界应用十分突出，特别是仿皮服饰方面具有很大优势。去年我国经编行业首次正式发布这一产品的研发和应用流行趋势以后，产生较大反响，行业内形成产品开发自律的初步格局，相关领域进一步认识和高度认可这一产品的优良特性。中国针织工业协会课题组对这一产品进行长期系统研究，对各类产品的产销状况进行分析，提出产品创新的思路与方案。近年来，加大国内外市场调研力度，掌握产品的应用信息，分析应用前景。今年发布指出，经编绒类织物从手感丰满柔软向多种风格拓展，产品品种多样化特征明显，应用潜力较大。面料在舒适性方面有优势，需要继续增强时尚性，引导下游服饰产品的开发。仿天然动物皮毛系列产品，由于成品毛绒图案清晰逼真，绒毛具有高低层次感等特点，还可以具有彩片、烫金等特殊效果，具有抗菌等多种功能，在时尚服装制作领域的应用快速增长。

常熟市梅李镇经编印染协会会长、常熟市群英针织制造有限责任公司董事长蒋建良表示："梅李经编发展了近30年。在中国针织工业协会等行业组织和相关单位的长期指导下，梅李开展产品开发导向工作近20年，产品趋势研究也有10年，而代表行业正式发布绒类产品的流行趋势是去年。流行研究可以说是十年磨一剑。今后还要继续加强相关研究，在产品分类、功能特性、拓展用途、时尚应用方面，从不同的角度、不同的产品类别开展行业性的年度发布。"

中国针织工业协会原专家委员会委员、流行趋势研究组副组长魏子忠认为："梅李经编产业形成完整生产体系和市场体系的过程中，逐步形成以龙头企业为主导的技术开发体系。梅李经编与国外设计师合作成果较大，龙头企业达到很高水平。产品提升依然是行业发展的关键，今后产品开发可以探索各种深加工复合工艺，探索应用天然纤维、人造纤维及功能性纤维深度开发精品，形成对广大中小企业的示范效应和整个产业链的示范效应。"

与会代表一致认为，经编绒类产品已经进入一个提升与拓展的重要时期，两次流行趋势发布正逢其时。流行发布提出了先进的技术，展示了高端产品，对行业的发展导向意义重大。今后应当加强技术推广，采取区域性行业技术交流、重点引导和专题开发等各种方式，持之以恒地推进先进的设计，以提升行业的整体水平和下游的应用水平。

第一主题：感受温馨（图1、图2）

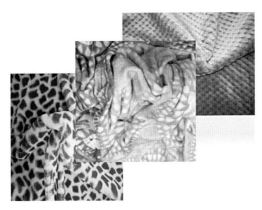

图1　超柔绒类面料

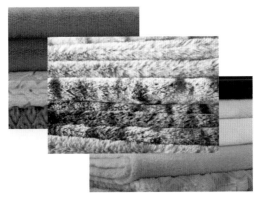

图2　舒适绒类面料

第二主题：体验多彩生活（图3~图7）

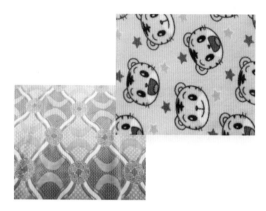

图3　多彩服饰、家居面料

图4　玩具绒系列

图5　薄型毯与床品系列（一）

图 6 薄型毯与床品系列（二）

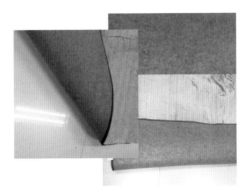

图 7 其他毯系列

第三主题：贴近自然（图 8~ 图 11）

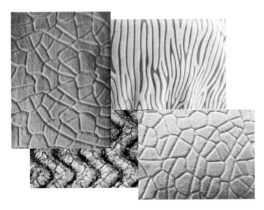

图 8 仿天然的纹理组合

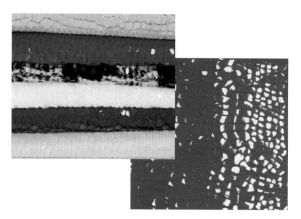

图 9　仿片壳组合

图 10　仿皮产品组合

图 11　仿毛皮服装产品

2018"绒类"发布

2019/2020 双针床经编绒类产品流行趋势发布
——绒类的设计与制造进入新阶段：维护生态与倡导时尚

2019/2020 双针床绒类产品行业流行趋势发布，于 2018 年 11 月 11 日在江苏省常熟市梅李镇举行。这一行业年度发布内容已经从"指导生产"向"引导消费"延伸。

发布主题是：维护生态与倡导时尚分。分为技术、产品两个方面，技术发布包括：经编绒布生产工艺（经编组织设计、高效后整理等）新技术，仿真技术的类别划分与提升方向，仿裘皮和毛皮系列产品性能（透气性、排湿性和质地、手感）与应用研究，涤纶、腈纶、锦纶等原料拓展应用等。产品发布涵盖家纺类、家居类、装饰类及服装类，玩具、垫、枕、帘、巾、毯类及其他用品类等。

发布团队介绍主要系列的产品后谈到，经编双针床绒类面料在家纺领域的应用逐步攀升，在服装面料领域的应用正在拓展。一些品牌较早试用经编面料开发高档服装，产品诸多性能优越，例如经编仿皮服饰总体取得较大成功。一些企业开展国际合作，从技术上率先突破瓶颈，绒类面料开发逐步完善，今后要在市场应用和品牌建设方面下功夫，同时普及适用技术，助推行业健康发展。

梅李镇绒类经编产品在国内市场举足轻重，在东南亚、欧美及非洲市场持续增长。经编、印染等产业链逐步完整，为家纺、家居、服饰、装饰等领域提供丰富多彩、规格齐全的面料。行业数据显示，绒类产品年产销增长超过10%，近年来，发挥龙头企业的带动作用开展产品流行研究，是维护行业优质发展的重要举措。

与会代表认为，从实际效果看，绒类行业发布产生影响力首先是对国际，往后的发布更多的是针对国内消费与生产。行业信息显示，面料需求主要体现在性能等方面，发布的每个板块主题，都体现原料、工艺和结构的综合创新，提高附加值。部分企业研发团队实力雄厚，在技术传承与创新方面取得阶段性进展，有效扭转产品类同现象。

设计与技术专家认为，双针床绒类产品经历了多年的稳步增长，已经形成一个较为完整的加工体系，行业自律、行业管理必须加强。从企业看，大力完善技术管理，推出产品结构优化，加强有效供给，才能维护行业的高效与优质。从技术看，拓展原料应用和完善生产工艺，主要是积极探索差别化、功能性化纤等，应用天然纤维、人造纤维，同时完善相应工艺，使产品整体提升。

营销与品牌专家认为，一些企业已经具有国际水平的工艺设计，国际水平的高附加值产品使部分绒类产品消费格局发生新的变化，高端产品（绒毛特征、绒面风格、面料特性都达到最优化或接近最优化）助力国内消费升级。双针床绒类产品的时尚化、差异化为扩大消费发挥积极作用。今后必须坚持生产与销售联动，加大区域品牌的建设步伐，设备改造、技术进步应当确保技术配套与先进的同时，确保为产品时尚化和生态化服务。

中国针织工业协会副会长林光兴做了题为《绒类针织产品的设计与应用》（新版）的学术报告，介绍绒类产品工艺路线的最新进展，重点分析了仿真类产品在服饰领域的应用前景和对于环保、节能、低碳等绿色发展的重大意义。

1. 时尚话语系列产品

产品丰富、规格齐全，为服饰等领域提供设计的灵感（图1）。

图1 时尚面料

2. 绿色引领系列产品

产品的高档化趋势将为节能、低碳带来崭新的思路（图2）。

图2 "绿色"面料

2019"绒类"发布

2020/2021 双针床经编绒类产品流行趋势发布
——绒类产品制造与消费理念的强化

2019年11月11日，2020/2021年双针床经编绒类产品流行发布活动在江苏省常熟市举行，经编、服装、家纺、产业用纺织品企业和专业市场的代表，研发机构、设计机构、纺织院校的专家参加。

点题：做什么绒类，怎么做，如何消费。

破题：制造与使用的绿色与时尚。

本次发布围绕绒类产品的新提升这一课题，从"温馨·典雅"等主题出发，诠释绒类系列流行趋势。多彩系列：印花、绣花、压花、提花和变化的颜色产生多彩效果，舒适系列：质感超柔丰满、具有暖阳效果，华贵系列：仿裘、仿皮高仿效果达到更高境界等。

发布团队介绍绒类产品生产与应用趋势后指出，经编绒类设计是关键，品牌是方向。双针床经编绒类产品的时尚元素和特有性能得到应用领域的逐步认可，仿裘皮类、服饰类、家纺类的流行研究总体取得较大成功。近年来，国际市场需求总量稳步增长，市场覆盖面扩展正在加速。可以说，推动产品提升的关键之一还将是国际化，国际化表现在产品设计的联合和市场拓展的联合，产品流行研究发布必须坚持面向整个大市场的原则。

与会专家认为，针织绒类生产关键技术和时尚设计都处于变革之中，双针床绒类的创新开发等方面走在前面。"长绒印花""轧光与轧花""彩膜复合""多层复合""鳞片烫金""皮革烫金 / 鎏金"等工艺创新，一系列印染、后整理和二次拨染法、多层次加工等突出精细加工环节不断改进，使产品性能大为改观，例如手感和视觉都达到良好仿真效果。

与会代表认为，双针床经编绒类产品的流行研究是针织绒类产品研究的先行示范。发布带动关键技术的研发和实用技术的普及，又一次给研发、生产与应用领域和专业市场提供直接沟通的良机，为下游家纺、服饰、原料、机械等行业都提供了指导意见和具体方案。发布引起产业链共鸣，大为改观，理念大变。

总结认为，绒类产品发布提出议题取得进展的有：经编绒布组织结构的完善与织物整理技术的改进；仿真技术的类别划分，仿裘皮和毛皮系列产品综合性能研究；扩大产品应用覆盖面：仿毛皮类、仿裘皮类及绒类，纺类、家居类、装饰类及服装类，婴童用品类及玩具类，毯类及其他类等。

大家提出新的行业话题：绒类产品集群化发展中的产业链协作与产品结构优化；国际化技术合作和设计合作的关键项目；继续深入研究消费趋势，推动产品创新与市场需求结合。

图 1~ 图 8 为各种绒类产品的创新发展展示。

图1 色彩（染 / 印 / 涂 / 织）

图 2　超柔（多种性能）

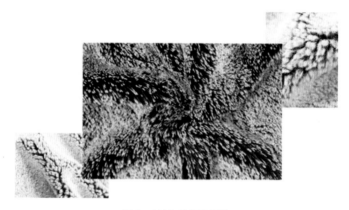

图 3　长绒（绒面处理）

图 4　仿裘（长绒／中绒）

图 5　花纹（印 / 烫）

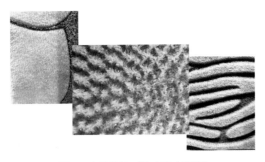

图 6　立体花纹（轧 / 刷 / 磨等）

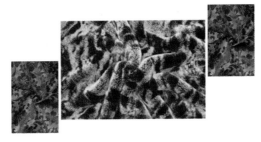

图 7　暗花（印花 / 提花）

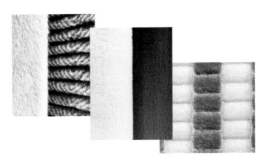

图 8　粗纹（组合 / 复合）

2020"绒类"发布

2021/2022 双针床经编绒类产品流行趋势发布

——绒类的拓展与提升

2020 年 11 月 11 日，2021/2022 双针床经编绒类产品行业流行趋势发布活动在江苏省常熟市举行。发布邀请经编及流通企业参加，还吸引了机械、原料及装饰、家纺等企业参加，院校、设计机构及行业协会的专家也参加了活动。

本次发布主题与思路是：设计灵感源于应用。发布推出双针床绒类产品的创新设计，并通过面料与部分制品的展示，从四个角度诠释绒类系列产品的未来走向。

一是结构。单一的结构向多元化结构拓展的进程中，织物自身结构与多种织物的结构组合逐步达到运用自如，例如绒毛的条纹效应、绒类的空间效应、绒面与平布组合的多种效果，以及多种织物或者与其他材料的组合效果，以提升结构的可设计性。

二是质感。结构与原料等决定绒类的质感，绒类的质感，特别是触感对其终端使用产生深远影响，如暖感、丰满、柔软、细腻等，都是绒类的质感特征，这些特征可以单一存在，也可以组合存在，关键是通过产品的设计与制造不断赋予。

三是色彩。色彩运用已经从仿色（如仿毛皮色彩）向构造色发展，从使用的需要向设计者的推出转变，从而可以构造出多种新颖的色系，如奶白色、淡紫色、浅灰色、米黄色等，色彩与结构进行深度组合，这一方案将有助于弥补绒类产品色彩、色系的缺失。

四是个性化。绒类产品的个性化设计重点在于跳出仿裘皮的思路，跳出对绒面效果的追求，追寻各种设计灵感。本次发布个性化导向涉及仿皮毛类、仿裘皮类，服装、装饰类，家纺、家居等家用类，毯类与垫类，婴童用品类，特种用品和拓展用品类，以及其他类等。

常熟市是纺织服装产业基地，梅李镇则是国内外知名的双针床经编绒类集群。近20年来，龙头企业充分发挥行业的引领作用。为此，本次双针床绒类发布重点引导梅李产业提升：倡导绿色制造、绿色消费，促进产品结构优化、全面提升。

发布会提出对经编双针床绒类织物的设计、制造与使用标准进行定性、定量完善，提出考核产品质量与档次的关键指标。这些指标包括外观和内在方面：变形回复、绒毛长度偏差、水洗尺寸变化，耐皂洗、耐水、耐摩擦、耐汗渍、耐光色牢度，绒毛长度精确性、平整度与防脱毛等，关键指标的完善将有助于推动产品升级。

与会专家与代表对绒类产品的研发进行解读与互动。大家一致认为，从设计方面看，绒类产品设计必须从单一的产品设计向工业设计、向智能设计延伸。从需求方面看，产品设计必须紧密结合国内外消费趋势，发挥联合开发与引导市场的优势，在行业协会提出的系统化设计方面有所建树，在推动新的消费方面取得更大成效。

与会代表认为，行业发布的导向作用十分明显，已经取得明显成效，在普及先进技术、生产管理与市场开拓等方面还有巨大潜力。绒类经编产品系列产品整体技术含量较高，特别是科技原创贡献率高，有着潜在推广前景，应当在"双循环"消费格局中发挥作用。龙头企业应当利用创新设计丰富产品系列，引领集群地区产品开发，优化区域产品结构，同时加强行业联动，带动国际国内产业合作，推动服饰家纺产业用领域设计开发的融通，以此推动行业运行质量提升。

发布重点产品环节之一：中长毛绒、印轧绒和服饰等专用绒——
诠释产品的全方位提升路径，诠释产品的体系化应用方向（图1）。

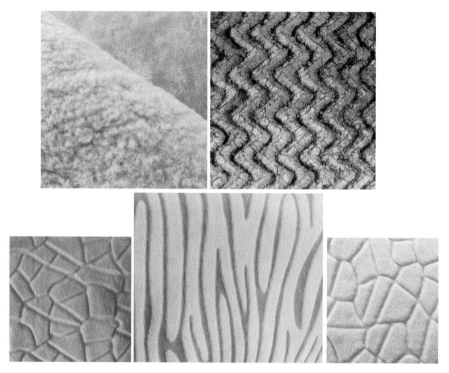

图1　发布的重点产品

2021 "绒类" 发布

2022/2023 双针床经编绒类产品流行趋势发布

——绒类产品的全面提升与不断优化

2022/2023 双针床经编绒类产品流行趋势发布活动，于 2021 年 11 月 11 日在江苏省常熟市举行，经编企业、流通领域企业，针织机械、纺织原料及染化料助剂企业，服饰、家纺及产业用品企业参加了活动。

1996 年，中国针织工业协会专家委员会提出几类产品的定位及其发展趋势，其中将绒类织物定位为时尚产品，将双针床经编绒类产品定位为时尚、绿色、科技产品。多年来行业双针床经编绒类产品开发一直遵循三大定位，近年来行业流行趋势依然遵循三大定位。

本次发布的主题是"从设计为先到时尚前瞻——绒类产品的高值化趋势"，分为技术、产品两个方面。技术发布包括：经编绒类，特别是双针床绒类织物在服饰与家用、装饰用等领域的技术进步，技术重点在于原料精选、精细染整、复合制造；设计发布包括：终端产品设计的新理念，节能与低碳的再评估。

发布产品涉及常规服装类及仿皮、仿裘皮服装类，装饰、家纺、家居用品类，毯与垫类，婴童玩具及用品类，产业用品、特种用品类，其他类。继续从四个维度诠释高值导向：一是结构，多元化结构与多材料应用的组合，追求多样化的效果；二是质感，绒类及仿真产品体现暖、丰、柔的触感，经过处理达到特定外观；三是色彩，多色系采用，混色仿色组合，继续增加色系；四是个性化，通过结构、质感、色彩的组合与变化，满足多种应用需要。

本次发布会开通网络直播，同时展示织物与成品的时尚风格与特点，与应用端互动，且与销售对接。在线上线下互动中，各方面代表进行广泛交流。针对经编企业提出的高值开发问题，来自绒类织物应用领域的代表认为，"近年来从几大市场销售可以看出，应用素色、混色，长绒、短绒，厚重、细腻等绒类产品交替增长，说明产品的流行周期加快。应当加速智能化设计的应用和智能化生产的普及，通过织物品种的多样化适应消费的不断升级。"

设计专家指出："绒类产品性能、功能的优越性已经得到较大发挥，艺术性与时尚性必须围绕需求加大开发力度，做到产品风格与应用的统一。未来双针床经编绒类面料的应用关键还体现在低碳与节能方面，中国纺织工业联合会专家早期提出的绒类织物生产能量测评工作应当继续加强。这类产品的生产先进技术应当加大普及力度，行业管理部门应当给予一定的扶持。"

发布团队认为，双针床绒类生产优势企业制造水平稳步提升，一些高端品的制造技术领先国际，但是在应用设计方面仍显滞后。行业发布要重视设计引领，双针床经编绒类产品设计引领的要点在于组合现有的科技，推出确实可行的时尚设计，接受市场的检验，可以说设计是未来发布的关键点。

阶段性熵增减——时尚与绿色是永恒的主题。

实例：对于同一面料从制造到应用可有多种解读。例如，绒类触感设计，可以超柔，可以挺拔，可以略细，可以超细……（图1、图2）显示绒毛反差，可以夸张，可以类同……（图3）。

图 1　绒类色彩、触感等设计

图 2　构建麂皮细腻的触感

图 3　显示绒毛反差

附　双针床经编绒类产品剖析

双针床经编绒类产品于 20 世纪 80 年代开始规模生产，很快形成集群化生产。90 年代初期，江苏省常熟市梅李镇及周边地区生产开始起步，以锦纶、涤纶长丝为原料的主流产品，广泛应用于家纺和服装。很快出现双绒类织物为主导产品的集群，现有双针床经编机 6000 台以上。双针床绒类产品经历近 30 多年的稳步发展，已经形成一个较为完整的生产加工体系。

一、技术创新

双针床经编工艺特点：织物纱线靠编链纱、衬纬纱和毛绒纱三组纱线组成。其中编链纱、衬纬纱主要编织底布，毛绒纱是绒布的主体。衬纬纱是织物的根基，对于织物的强度起到根本作用，对于织物的厚度也产生影响；编链纱发挥握持衬纬纱、毛绒纱的作用，对于稳固织物结构也起到一定作用；毛绒纱编织毛绒部分，使织物产生毛绒或者称是立体结构。

毛绒纱梳栉在前后针床的织针上分别编织，使两个针床织成的两块底布之间连接成立体织物，这个立体结构分离后连接部分就成了绒面。这种形成绒面的特点区别于其他类别产品，使绒类产品坚实而且有较大厚度。绒面的高度取决于两个针床脱圈板之间的间隔。这一间隔距离可以在一定程度上增大，提高织物的毛绒高度，即使在一台机器上也可以生产毛高范围更广的产品。

绒类织物染色、整理技术是双针床绒类织物产品创新的手段。通过染整技术，双针床绒类织物得以系列化，外观差异化。对于绒面的处理包括起毛、刷毛、剪毛等，可以单独处理，也可以复合进行。起毛是采用起毛针布将坯布的工艺正面的复丝部分单丝拉断，使布面均匀地出现一层绒毛。通过改变角度和加大布速可以得到不同的起毛效果和毛绒密度效果。刷毛的方向可以采用顺向刷毛，也可以采用逆向刷毛。顺向刷毛可使绒毛直立，毛绒感强烈；而逆向刷毛使绒毛倒伏，但是产生柔顺效果。剪毛则对是剪去绒面的部分毛绒，目的是使绒面平整。为了确保毛绒效果，剪毛和刷毛等可以组合或者反复交替使用，使绒毛齐整、柔软、丰满等。

国内经编设备、绒类整理设备有了较大的进步。设备性能水平较高，为行业的产品提升提供广阔空间。产品创新的关键还在于不同原料的使用。原料包括涤纶、锦纶、腈纶及部分天然纤维。值得重视的是，差别化、功能性化学纤维对绒类产品开发产生积极影响。这需要配合设备的性能和整理工艺的完善。原料选用、编织工艺、整理工艺等既是对经编绒类行业生产技术的考验，也是为经编绒类企业提供发展的机遇。

目前国内双针床经编机的产能较大，企业研发创新意识还不够强，对于落后技术影响产品提升认识不足。企业应加大技术研发，实施技术创新，合理利用现有设备，开发先进技术前景依然广阔，而一些落后的技术和设备将逐步退出行业。企业可以增加技改投入，提高技改贡献率，采用先进经编工艺技术和设备，为提升产品新优势奠定基础。

二、产品提升

绒类产品的提升是一个必然趋势。通过科技创新，瞄准国内外经编产品的先进水平，不断推出新品投放市场，扩大市场的覆盖面，才是产品提升的途径。

双针床绒类从生产技术的把控到产品设计，再推出丰富的品种，是一个连续的过程，必须把控产品生产和产品性能的各个环节。首先必须掌握产品选用原料，其次必须掌握产品加工工艺，最后必须掌握产品的最终性能和用途。这三者需要综合考虑，而不是简单考虑某一方面或者简单地依次考虑。

双针床绒类产品设计时主要考虑绒毛特征、绒面风格、面料特性等。绒毛特征包括绒毛高度、绒毛密度、绒体的柔软度，绒面风格包括绒面光泽、色泽、细腻度、粗犷度和绒毛表面分布状况，面料特性包括面料的悬垂度、面料的平方米重量、面料的规格尺寸等。

原料包括各类化纤长丝，主要有涤纶、腈纶、锦纶、黏胶纤维等，特别是细旦化、功能化化纤原料，使绒类产品手感更加柔软、质地更加细腻、绒毛更加丰满，有部分天然纤维的感觉。不同化纤原料产品性能不一，涤纶类较为坚挺结实，腈纶类体积大易变形，而天然纤维能给绒类带来更大的舒适感。双针床类织物平方米重量为 $120{\sim}1000g/m^2$，用途较广的在 $150{\sim}400g/m^2$，绒毛高度通常在 $2{\sim}32mm$。

产品用途很广，不同的工艺有不同用途，而相同的工艺也有不同的用途。经编毯、双针床绒类有些以腈纶为主要原料，这是因为双针床舌针经编机编织这类织物，便于达到色泽鲜艳、花型立体感强、手感丰满的效果。绒毛玩具采用这类织物，玩具较为结实，因为织物结构较为紧密，绒毛不容易脱落。

玩具绒产品由6把梳栉编织生产。这类织物的产品质量非常高，一方面是由于绒毛表面非常丰满，另一方面是由于地组织的尺寸稳定性非常好。地组织的伸长受到限制，适宜生产精致的产品。

长绒织物的应用相当广泛，如服装、床品、玩具和毯类等。用于制作毛毯、床罩的长毛绒织物常选用腈纶短纤纱为毛绒纱。产品开发的这一方向，就是推进绒类产品应用领域向浴衣、睡衣、室内休闲服等领域延伸。

通常，双针床绒类产品可以考虑实际用途，确定织物厚度、密度及绒毛的高度，采用的主体原料和加工工艺，通过技术、设计的完善达到研发目的。以客户需求为目标，发挥绒类工艺特点，依然是绒类产品的发展方向。

三、市场开拓

舒适性面料、时尚性面料、功能性面料、低碳环保型面料需求不断增大是必然的趋势。

绒类面料在舒适性方面有优势，在时尚性方面有特点，应当继续保持。而功能性的许多方面需要大力拓展。采用功能性纤维编织，经过特殊的后整理，就能生产多种经编功能性绒类面料，如抗污抗油面料、防紫外线面料、防辐射面料、抗菌面料等。

产品差异化是双针床绒类产品发展的一个趋向，以产品差异为基础可以获取市场竞争的有利地位。产品的差异体现在质量和创新等方面，具有较高创新特征的差异化绒类产品将会销售良好。近年来涌现出的各种自主研发的绒类产品，已逐步走出了一条发展的通途。

产品标准是引领产品研发销售的关键因素。目前规模较大的企业产品标准较为完整，而许多企业产品标准不完善，区域性标准有待进一步统一。标准的制定是企业拓展市场中强化服务意识、强化服务功能的一种表现。在市场上推出的新型面料，就必须具备相对完善的标准和售后服务的能力。面向高端市场，服务水平的提升更加重要。

通过参加各种展会和考察国内外市场捕捉信息，是有效了解市场和消费结构的手段，同时可以借鉴其他类似产品品牌打造市场美誉度的做法与经验，培育绒类产品的自主品牌。

双针床绒类产品必须按照低碳生产，节能减排和节省资源的总要求，实行精细化管理，优化产品制造，大力推进产品创新创优，创立行业有影响力的品牌，提升品牌影响力，为市场持续稳定和行业的持续稳步发展营造新的基础。

第四篇

经编花边

2017"花边"发布

2018/2019 经编花边流行趋势发布
——展示经编花边"春夏秋冬"第一系列

2017 年 11 月 28 日，在经编产业集群福建省福州市长乐区，2018/2019 经编花边流行趋势发布隆重举行，来自有关部门的领导、纺织院校的专家，花边生产领域和使用领域（包括国际品牌）的代表，纺织原料和经编机械等产业链的代表，参加了发布活动。

本次发布是我国经编花边首次行业性发布，发布分为花边产品设计和生产技术两个环节，体现花边设计的工艺与艺术互动，体现花边设计的传承与创新结合。花边产品设计的发布环节以"花边的四季之美"为总思路，分春、夏、秋、冬四个主题，诠释经编花边的设计与应用的主要趋势。

从生产技术环节看，花边规格、品种丰富多彩。规格有窄带、宽幅之分，有厚重、轻薄之分，可以网孔、平布为底布。按性能可分为弹力花边、无弹花边，还可分为硬花边和软花边等，产品具有平整、悬垂、成型、柔糯等特性，提花有多种组合。终端用途有内衣用、服装用、装饰用等，还可细分品类等。可根据原料选择是提花还是素色组织，利用 CAD 系统进行组织设计和结构仿真。随着经编花边不断走向大众生活，需求对生产的拉动作用日益明显。

长乐是最早的经编产业集群，20 世纪 80 年代末，行业性的花边等产品设计工作室和研发机构在长乐陆续成立，如"林光兴工作室"，而且是持续至今的设计工作室之一。福建长乐一些企业长期研究花边产品开发、需求趋势，引导产品应用和国际采购。一些龙头企业加强技术管理，与国内多家纺织服装院校合作设立研发机构，发挥行业传承的作用。

中国针织工业协会副会长林光兴介绍了本次发布产品的设计灵感、设计思路和生产工艺要点，强调设计重在表达，表达即世界。他指出，"花边的四季之美"或"季节的韵味"作为主题是行业长期以来的一个想法。本次发布提出的"绿、红、黄、白"等主色彩，还有"天然、灿烂、丰满、含蓄"等理念，只是对以往设计的一种总结。今后的流行研究应当跳出这些圈子，应当有更多的设计灵感。他强调，薄薄的花边承载的东西太多，行业花了很多时间探究花边的时尚设计，今后还需要更加深入探究，继续引导行业，引导时尚消费，特别是高端消费。

中国针织工业协会原专家委员会委员、花边流行趋势研究组副组长魏子忠说："本次发布会上见到了几款旧的工艺制作的产品，最早的有 1997~1998 年的工艺设计。这次发布赋予新的色彩与花纹组合，历久弥新，时尚创意明晰。可见，花边工艺与艺术结合来体现时尚需求是花边产品开发的关键环节，工艺技术服务于时尚是花边设计的出路。今年是首次行业发布，这次发布会发布的产品种类规格较多，每一个主题都有大量的产品或者产品设计，包括仿真图与实物对照，对花边设计是一个诠释，对经编花边的应用也是一个推广。"

一些企业代表认为：福建、广东花边制造基地一些优势企业较早开展经编花边技术研究和产品设计，较早认识到花边之美必须以技术为支撑，因此较早开展技术合作。企业的设计师制度建立已经三十年，花边设计和技术进步可谓是三十年磨一剑，不少行业知名设计师都担任过主要企业的设计师。企业长期自主设计、研发和生产与国际名牌配套的精美花边。就花边行业而言，与跨国采购商对接、与国际服饰品牌合作，加上自身设计师的培养，是快速成长与整体提升的根本途径。

图 1 所示花边导图从花边的基础工艺设计、花边的传统绘图法工艺设计到花边的常规 CAD 设计等多角度解读花边设计发展的历程，推出花边时尚设计的一般过程：从时尚的艺术设计到先进的技术实现。

图1　花边导图

第一系列：春

春·绿：展示花边最天然的一面。在淡雅的色调中，万物复苏，生机盎然，花边反映出对大自然恬静、和谐的追求，在简洁与柔和中蕴含丰富与多姿，强调舒适、浪漫的生活情调（图2）。

图2　"春"系列花边设计

第二系列：夏

　　夏·红：展示花边最灿烂的一面。纹路粗犷、色彩热烈，以反映夏天般火热，如激情四射、自由奔放、华美绚丽等；简洁的图案、淡雅的色彩与轻薄的组织，还有素色棉质的较厚面料（图3）。

图3　"夏"系列花边设计

第三系列：秋

　　秋·黄：展示花边最丰满的一面。在丹桂飘香、黄叶起舞、瓜果成熟中，享受丰收同时孕育新的希望。色彩多样，花纹丰富，网孔多样，厚薄兼具，可以有多种纹理组合，且层次分明（图4）。

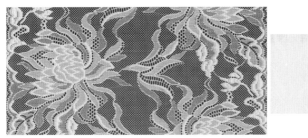

图4　"秋"系列花边设计

第四系列：冬

冬·白：展示花边最含蓄的一面。积雪、暖阳、丝丝的寒风、清新的景色。整体简洁、柔软、平整，使服饰达到温馨、含蓄、静谧、淡雅。面料以白色或浅色为主，地组织平整（图5）。

图5 "冬"系列花边设计

2018"花边"发布

2019/2020 经编花边流行趋势发布
——花边的"春夏秋冬"第二系列

2018 年 7 月 26 日，福建省福州市长乐区，体现一年行业研究成果的权威发布——2019/2020 经编花边流行趋势发布举行，来自行业主管部门、行业协会的领导，纺织院校、设计研发机构的专家，以及国内外花边生产经营企业、服饰企业、纺织原料企业、经编机械企业的代表，参加了发布活动。

作为我国经编花边行业最权威发布，发布依然以"花边的四季之美"为总思路，推出春、夏、秋、冬四季系列，对花边面料的整体设计和产品分类进行首次诠释。

在花边的用途方面，发布了内衣面料流行趋势、服装面料流行趋势、装饰面料流行趋势等。在分类别方面，推出了窄带花边流行趋势、宽幅花边流行趋势、轻薄花边流行趋势、网孔花边流行趋势、素色组织花边流行趋势、平布花边流行趋势、弹力花边流行趋势等。

以四季为灵感设计的拉舍尔花边，既强调恬静、舒适、温馨的生活，又蕴含着许多憧憬。

春·绿：展示花边最天然、生机盎然的一面。大地回暖，万物复苏，百花争艳，微风徐徐。清新的空气、绿色的大地构成柔和环境，人与自然达到高度和谐。

夏·红：展示花边最灿烂、激情四射的一面。骄阳似火、翠柳成荫、蜻蜓点水、蛙声如潮。提供追求自由奔放、浪漫多姿等丰富的设计思路。

秋·黄：展示花边最丰满、充满希望的一面。飘香的瓜果、成熟的稻田、万山红遍、黄叶起舞。享受丰收的同时，追求视觉盛宴与衣着审美的综合体验。

冬·白：展示花边最恬静、蓄势待发的一面。清新的景色、远方的积雪、丝丝的寒风、迟迟的暖阳，给设计提供含蓄、静谧、简洁、淡雅等诸多遐想。

发布会上，设计师还通过花纹设计 CAD 系统进行组织设计和结构仿真、成衣时尚设计效果仿真，强调三个课题：①花边的工艺与艺术结合，②不同原料和结构花边性能的研究，③与服饰品牌商的深度合作。长乐部分优势企业展示了行业设计师设计的样品，吸引诸多企业关注。

长期以来，行业协会、知名院校为花边生产企业提供花边面料设计和技术服务，花边企业与院校合作设立研发机构，这对于行业发展是有力促进。花边行业自主设计产品水平不断提高，市场影响力不断扩大。供给侧结构性改革为花边行业注入强大动力，设计引领行业的未来。

中国针织工业协会副会长林光兴做了《拉舍尔花边的时尚设计与应用》的主旨报告。林光兴总结 40 年来花边工艺技术和时尚应用的进展，总结国际高端花边的设计工艺的精髓。鲜明指出："花边的新与旧是相对的。技术可以更多传承，而款式、花纹必须突出创新，色彩则体现流行与时尚，这样，产品种类必然非常丰富。一块面料就是一幅作品，从这幅作品可以看出，设计师的创意、工艺师的精湛。流行发布就是引导设计师和工艺师的工作方向。"林光兴分析了压纱、多梳、贾卡工艺，以及棉纱、尼龙、涤纶、氨纶、包芯纱和其他纤维的应用，对于花边提升正在还将继续产生重要作用。

　　中国针织工业协会原专家委员会委员、花边流行趋势研究组副组长魏子忠说："中国针织工业协会早在 20 世纪末就在花边行业提出科技与时尚结合的设计方案。花边的四季之美，还有绿、红、黄、白等天然色彩，对花边设计产生诸多灵感，例如天然、灿烂、丰满、含蓄等理念，协会在花边工艺推广和设计演示方面工作成效明显。一些企业研发团队实力雄厚，联合行业设计师不断推陈出新，赢得了高端服饰长期青睐。"

　　与会专家认为，去年首次行业发布，产生巨大影响力，取得巨大成功，主要是总结过去行业的设计成果、弘扬行业积累的精华，提出崭新设计思路。今年的第二次发布更多的是指出各类产品的提升，包括工艺技术进步的方向和时尚设计的方向。花边面料需求主要体现在花纹和性能，发布的每一个板块主题鲜明，面料具备平整、粗犷、柔糯等性能，作为产品设计工作室和研发机构的成果，对花边集群是导向，同时引导生产和消费，进一步让更多领域充分认识经编花边。专家强调，花边的知识产权保护依然应当加强，琳琅满目、丰富多彩的产品应当得到实质性保护。

　　近年来，有一些国际采购商对我国设计花边认知度，特别是原创认可度有了一定提升。国内花边企业对于与国际名牌配套花边的设计制造有了更深的理解，采购商对于花边的选用更加专业化。优势企业的经验（设计发展模式）：首先是坚持自主研发，其次是与国内外设计机构互动。

　　图 1~ 图 4 所示为春、夏、秋、冬四季系列花边设计案例。

图 1 "春"系列花边设计案例

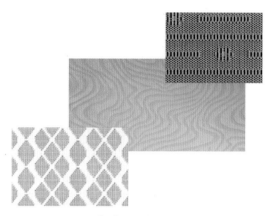

图 2 "夏"系列花边设计案例

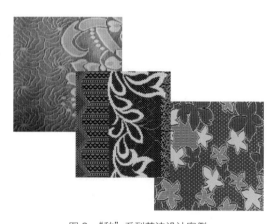

图 3 "秋"系列花边设计案例

图 4 "冬"系列花边设计案例

2019 "花边" 发布

2020/2021 经编花边流行趋势发布
——推出花边的"四季之美"第三系列

2019 年 6 月 28~29 日，福建省福州市长乐区，2020/2021 经编花边行业流行趋势发布活动举行，有关部门和行业协会的领导、纺织院校和设计机构的专家，以及国内外经编花边、服饰生产、纺织原料和机械等相关企业的代表参加了活动。

本次发布推出的花边的"四季之美"第三系列，分为基础系列、提升系列。基础系列重点展示各种地组织和变化组织。提升系列分春、夏、秋、冬四个主题，深度诠释花边新的设计理念和应用趋势。继续展示花边最天然的一面，展示花边最含蓄的一面，展示花边最时尚的一面……

春：地组织以网孔为主，织物厚薄兼具，色调从淡雅到鲜艳，以天然色彩为主；花纹丰富，变化较多，但总体和谐，主题鲜明。

夏：地组织以网孔为主，网孔形状单一；面料轻薄，挺括与柔软兼具；图案简洁，可以具有立体感，色彩热烈、纹路粗犷的面料也是一种选择。

秋：地组织以网孔和平布为主，网孔多样，展示花边最丰满的一面；色彩、花纹多样，流畅线条蕴含在图案中；多种纹理组合，层次分明、轻巧。

冬：地组织以平布和网孔为主，整体柔软、平整，白色或浅色为主；平布为底的弹力面料，加上隐隐约约的花纹，显得十分朴实、华贵。

"简洁""平整""柔软""温馨""含蓄""静谧""淡雅""细腻与粗犷""朴实与华贵"……这些用于描述经编花边的主题词继续引用。

经编花边在我国从 20 世纪 80 年代起步，花边行业是纺织行业中最早开展行业设计之间互动的行业之一。福建长乐作为最大的经编集群之一，较早成立的经编与花边设计机构持续开展国际合作，不断将设计推向国际。长期的流行趋势研究不仅对于长乐花边生产有一定影响力，对于整个花边产业链也有较大的导向作用。

发布对作品进行详细解读：从国际消费趋势看，花边的实用性最为关键，包括色彩、纹路、质感、光泽，以及轻薄、厚重、弹力，还有规格、品种和原料的多范围应用，综合考量，体现花边之美。而这一切都要求行业联动，在花边设计和设备、技术方面，从生产到流通再到消费，形成强大的协作与互动。

与会代表围绕"花边的设计与应用"这一主题展开讨论。大家一致认为，不同规格、不同底布、不同性能、不同风格的花边，包括采用贾卡、多梳多种提花组合，使用人造丝及功能纤维、天然纤维等原料的多类产品，在内衣、服装、装饰等领域仍然有着较好前景。专家认为，我国花边行业国际化道路走得比较早，优势设计企业与国际名牌配套的精美花边达到较高水平。企业的自主设计、设计的运营模式、与跨国采购商的对接和多种合作渠道，助推行业整体成长。

中国针织工业协会原专家委员会委员、花边流行趋势研究组副组长魏子忠说："三次流行发布正好形成一个花边产品设计与研发的系列，流行发布是生产和消费发挥风向标。从发展角度看，色彩应用是个重点，面料性能还是关键，面料工艺师与服装设计师还是应该加强合作，行业设计师联动制度应当延续。"

中国针织工业协会副会长林光兴做了题为"经编花边的应用前

景"学术报告，同时就加强花边时尚设计与工艺设计、生产过程与销售领域的相关信息搜集等课题研究提出建议，并发布了国内外花边生产与销售的大量信息。林光兴解读原料应用对花边产品开发的作用，例如，细旦纤维：细度－性能；异形纤维：非圆形截面纤维；有色纤维：涤纶等提高染色性能；改性纤维：染色、透气、特有性能；功能纤维：产品品种增加；此外，抗菌、抗紫外、远红外、保暖、凉感、负离子、阻燃等功能纤维的应用。

设计师进行现场设计和展示花边作品，例如，采用网孔底布进行多种提花设计，利用 CAD 系统进行仿真和机台试制等。

基础系列主要展示各种地组织的风格，如图 1 所示。

图 1　基础系列各种地组织风格

春夏秋冬第三系列部分展示

一、春

1.突出花纹线条表现（图2）

图2 "春"系列花边设计：突出花纹线条

2.突出模仿自然形态（图3）

图3 "春"系列花边设计：突出模仿自然形态

二、夏

1. 突出时尚特征（图 4）
2. 突出季节的实用（图 5）

 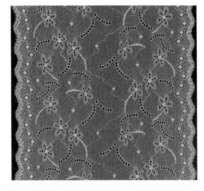

图 4　"夏"系列花边设计：突出时尚特征　　图 5　"夏"系列花边设计：突出季节的实用

三、秋

1. 强化色彩的应用（图 6）
2. 强化丰满与层次感（图 7）

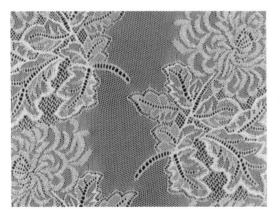 

图 6　"秋"系列花边设计：强化色彩的应用　　　图 7　"秋"系列花边设计：
强化丰满与层次感

四、冬

1.强化面料纹理（图8）
2.强化面料质感（图9）

图8 "冬"系列花边设计：强化面料纹理

图9 "冬"系列花边设计：强化面料质感

3.强化面料纹理与质感的融合（图10）

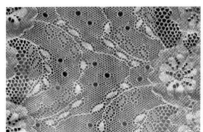 

图10 "冬"系列花边设计：强化面料纹理与质感的融合

本次发布诠释了针织工艺学与针织艺术学的对接关系（图11）。

针织工艺学
1.2.3.4……

过渡
接合
交叉

针织艺术学
1.2.3.4……

本流行发布研究覆盖的区域

图11 针织工艺学与针织艺术学的关系

2020"花边"发布

2021/2022 经编花边流行趋势发布

　　2021/2022 经编花边行业流行趋势发布活动，于 2020 年 8 月 8 日在福建省福州市长乐区举行，各类经编花边生产企业及机械、原料企业的代表，院校和设计机构的专家，服装、装饰等应用领域的设计师，以及有关部门的领导参加。

　　发布环节：一是推出花边的"四季之美"第四系列，展示和诠释春、夏、秋、冬四个主题花边设计作品和花边产品，突出时尚主题，突出色彩、纹路、质感等经编花边的固有特点，继续强化最终产品效果设计；二是强化经编设计工程和设计师工程；三是继续推进经编数字化智能化设计。交流环节：经编花边设计师、应用花边的服饰等相关领域的设计师对花边设计和先进工艺技术的应用展开对接。

　　对于春、夏、秋、冬四个主题花边设计今后可以鼓励充分想象，不应有固化模式。"春"从季节的特征继续向使用者的舒适感觉延伸，"夏"从季节的特征继续向使用者的求变追求延伸，"秋"从季节的特征继续向使用者的收获诉求延伸，"冬"从季节的特征继续向使用者的防护意识延伸，等等。

　　发布继续演示利用 CAD 系统进行仿真和机台试制，演示智能化在生产、设计环节的应用，推出市场大数据和行业大数据专家系统，并围绕"经编花边与大数据、智能化"这一主题展开讨论。专家一致认为，宽度、厚度、质量不同的规格，以网孔、平布为底的各类组合，弹力、无弹和软硬差异的风格，无论从设计到应用都已经开启智能化时代；数量较大传统优势产品品种的运维，需要先进技术的支持，需要行业大数据支撑，为此，大数据的行业应用已经开启。

我国花边在引领国际消费方面有所建树。主要表现在，不少品类的花边在国际知名服饰的应用保持稳定增长，一些新品种在国际高端服饰品牌中发挥引导作用，其性能得到国际名牌的青睐。尽管高档品出口量的增长有限，但是新颖的成型、弹力及工艺符合等技术含量、艺术含量较高的花边带动国际消费，会带来稳定的增长预期，更重要的是巩固我国经编花边的市场地位。

中国针织工业协会原专家委员会委员、花边流行趋势研究组副组长魏子忠总结指出："经编花边色彩、纹理及面料性能、风格得到完美开发，之后就是强化与应用对接，行业设计师、花边设计师与服饰设计师联动制度应当延续。关于经编花边的引领型、复合型、国际化设计人才的培养刻不容缓。"

代表认为，发布传承了花边流行趋势发布既是技术趋势发布又是时尚设计与应用发布的传统，在经编花边行业的品牌培育、智能生产及大数据应用等方面是一次成功的促进。

一、数字化设计方法展示

发布活动中用两个实例展示数字化设计。

1. 貌似简单的花纹包含大容量的提花信息

这类提花一般采用提花系统较多，花纹变化多且细节丰富（图1）。

2. 貌似复杂的花纹可以用类比法简化设计

这类提花采取类比等节省花型信息量的设计方法，发布中展示了多种方法（图2）。

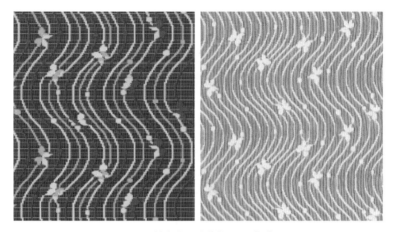

图 1　数字化设计花纹展示（一）

图 2　数字化设计花纹展示（二）

二、名师工程的基础工作

发布活动提出可以从两个步骤培训设计人员的设计能力。

1. 必须从基础设计做起

基础设计包括基本的纹路（图 3）设计、单一或较少原则的设计；包括根据原始图案确定提花方法，及充分发挥机器功能设计提花；包括织物的性能、风格设计等。

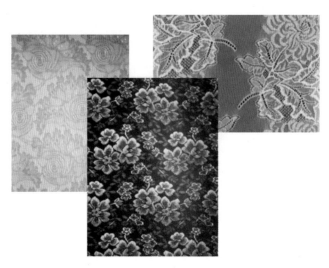

图3　花边中的基本纹路示例

2. 逐步提升融合设计能力

提高设计人员的融合设计能力包括进行复合纹路（图4）设计、应用多种原料或特种原料设计等实践。本次发布了许多融合设计的素材。

图4　花边中的复合纹路示例

2021"花边"发布

2022/2023 经编花边流行趋势发布

2022/2023 经编花边流行趋势于 2021 年 9 月 28 日在福建省福州市长乐区发布，行业推出第五季"花边的四季之美"，并开发设计、生产和应用、市场对接活动，整合国际化资源。全国花边产业集群的生产企业与经营企业的管理人员，服饰品牌经营商的代表，特别是国内外花边及相关研发设计的专家参加了发布活动。

经编花边是诠释美的纺织品，"四季之美"是流行发布的主题序曲，从美的制造到美的享受，花边有着独特的作用，本次流行趋势发布的脉络是对于纺织之美的共同感悟，注解花边之美美在何处。

发布以"无限的网眼——经编网眼融合设计的趋势"为题，对于"春夏秋冬"四个分主题赋予了更新的内涵。

春·绿：在天然、淡雅、生机主题的基础上，进一步诠释和风带来的温馨与共同欢度温馨的理念。

夏·红：在灿烂、热烈、火红主题的基础上，进一步诠释阳光带来的能量与科学利用能源的理念。

秋·黄：在飘香、成熟、丰满主题的基础上，进一步诠释丰收带来的财富与合理分享财富的理念。

冬·白：在含蓄、暖阳、淡雅主题的基础上，进一步诠释雪花带来的清新与协同拥有清新的理念。

总之，春、夏、秋、冬四个主题进一步诠释大自然带来美好环境与加强保护环境的深刻理念。低碳、节能的生产与生活方式从经编做起曾经是行业愿景，强调高效与节能生产、高附加值与绿色产品推出，经过多年行业努力已经成效显现。本次发布是对低碳行动的总结。

长乐是经编名城，花边生产重镇，设计是"名"与"重"的基础。一批设计师队伍和设计团队发挥重要作用，例如，从 20 世纪 80 年代开始延续至今的"林光兴工作室"为发布会提供了源源不断的设计灵感、设计方案和设计产品。花边设计先行企业联合行业设计师，较早开展经编花边设计研究，发布带来巨大的产品拓展空间，内衣用、服装用、装饰用等类型终端用花边都在积累商机。

本次发布对于产品评价的主题词是：纹理，层次、多姿、简洁、柔软、平整，主要产品是：体现各自优势、特性及组合效应的窄带、宽幅与厚重、轻薄花边，以网孔、平布为底布的花边，有无弹力花边，是否变形的硬软花边，等等。从设计思路看，时序的循环带来灵感的变迁，这种变迁带来设计的不断丰富，进一步诠释经编花边蕴含着更大的时尚引领效果，这一设计方案为制造业的产品时尚设计提出一种时尚方案。

作为本次发布的一项核心工作，经编行业正式全面开启花边的国际设计体系建设。与会代表认为，这一建设的提出十分及时，并提出了许多建议。国际设计的中心建设，源于 20 世纪 80 年代在福建长乐等地成立的经编设计工作室（从高速经编机向花边推进）。国际设计中心是全行业性的，必须整合一直存在至今的设计工作室等设计机构的设计资源，同时加速国际化融合与发展。设计中心工作：采取数字化手段将传统产品归档，开展先进设计的资源整合，继续推进创新设计的融合工作，提出花边艺术时尚设计方案。

流行发布带来了三个行业性感悟。

一、流行发布带来的关于产品制造提升的行业性感悟

流行发布深度总结研发技术提升、产品应用扩展的方向。

1. 面料研发走内外穿两条路线

一是发挥传统优势，内衣、运动、休闲等各类面料研发；二是需要高密、平整、悬垂、尺寸稳定等条件的外套、职业装、正装（甚至西服）等多类服装面料的研发。

2. 提花产品贵在提升艺术价值

提花产品具有一定的时尚代言能力，要求花纹与色彩和谐，质感与纹理和谐，差异化、生物基纤维等多原料的应用都为面料附加值提升带来较大空间。

3. 仿真绒类大力崇尚生态时尚

做到生产、使用、回收过程的绿色、低碳，这类产品具有舒适、健康与款式多样化、时尚设计空间大等优点，例如轻型仿皮服饰具有轻便、舒适、美观和易保养特点。

4. 间隔织物倡导大消费新理念

厚而不重、密而不实……这是织物设计的理想境界，间隔织物的立体塑造就是利用两个针床纱线的合理选择，做到自如分布织物的薄厚、稀疏，便捷塑造织物的外观、性能。

5. 成型产品渗透诸多应用领域

经编、圆机、横机等成型方法互补、融合、衔接。织形而用、依型而织，成型编织就是将终端产品中的形、型与经编中的花纹设计、定位编织、版型塑造和色彩选用等有机结合，实现"都可织"。

二、从市场营销到产品开发的行业性感悟（经编花边为例）

1. 花边市场卖价的决定因素

长期以来，市场，特别是国际市场花边产品销售价格主要是由设计时尚度和产品的制造精细度决定，依次是：

（1）品牌最简单的价签；

（2）图案、色彩、外观（外廓）——艺术价值；

（3）质感、性能、规格（如宽窄）——专用价值；

（4）功能、软硬、弹性、规格（其他）——使用价值（制造因素）；

（5）其他各种因素。

可见，时尚的用途是第一位的，提花与原料是第二位的。设计第一，制造第二。

2.花边设计构思的关键

花边设计就是时尚表达与创作的过程。

第一是各种灵感：环境感知（自然、社会）、艺术品感悟、外界内在、知识素养积累，如，春——景明、秋——黄（橙黄、姜黄）。

第二是构图思路：写实与扩张，表达主题，设计艺术感染力。一个花型及花型组合就是一幅作品。

第三是工艺技巧：走纱、包边、外廓，走针横移距离与花梳分配，花纹图案细节与整体变形估算。

第四是确定提花的顺序，例如，贾卡：决定提花单元网格，地提花，承担部分较虚的主花纹；花梳：承担主花纹，特别是连续的实花纹；压纱：花纹凸起、浮起部分。

从工艺和艺术角度来看，花边图案是修正出来的。

设计与实物将存在差距，这是考验设计师的基本功（图1）。

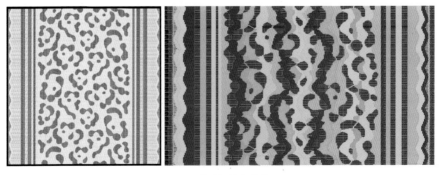

图1 花边设计与实物

三、经编花边设计关键点的行业感悟

花边设计关键点至少包括以下几个方面。

1.花边的综合设计

综合考虑弹力、硬度、冷暖等，要考虑花纹部分与底配合可能存在设计缺陷，需要进行多次比较、修改，有时往往需要多加一根或者多根色纱来完善提花效果（图2）。

图2　花边的综合设计示例

2.色彩设计（色彩运用）

色彩源于自然界（例如，花朵的色彩，就是鲜艳），尽量通过色彩、层次提高花纹的表现力（图3）。色彩设计常常采用冲击色、对比色等（图4）。

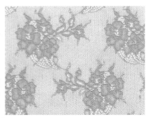

图3　花边的色彩设计（运用）示例一

图 4　花边的色彩设计（运用）示例二

3. 纹理设计

纹理设计的灵感往往来自提花方式本身，纹理细节十分关键，例如，始于贾卡的创意设计近年来有着不少演绎（图 5）。

图 5　花边的纹理设计示例

4. 纹路设计

纹路主要是指花纹的外廓和大体花纹效果，常常是点睛之笔，纹路离不开与色彩搭配（图 6）。

图 6　花边的纹路设计示例

5. 花纹层次设计

花纹的层次表达是整个花型是否生动的关键，简洁的花纹往往是设计难点（图 7）。层次感要求不高可采用贾卡，可忽略花型之间的线连接。

图 7　花边的花纹层次设计示例

6. 原料运用设计

天然纤维、低弹丝、尼龙、涤纶长丝，产生的面料表面风格不同，面料质地不同（图8）。

图8　花边的原料设计（运用）示例

7. 最终效果设计

要考虑廓、形、纱线位置关系、图案的整体效果及色彩重构等因素，此外还要考虑设计与实物存在差距，进行必要的修正（图9）。

图9　花边的最终效果设计示例

第五篇

网眼、弹力、棉制等类经编织物

2017"网眼"发布

2018/2019 网眼类经编面料行业流行趋势发布

——追逐时尚的网眼面料

　　形成网眼结构是经编的一大特点，如何挖掘这一优势，行业做出了许多努力和经历了多年的实践。2020 年 12 月 18 日，体现行业多年工艺研究与流行研究成果的正式发布活动——2018/2019 网眼类经编面料流行趋势发布在广东省佛山市举行。来自有关部门的领导、行业内专家和经编面料采购企业、纺织原料企业、经编机械企业的代表，参加了本次活动。这是经编行业长期开展相关研究进行的首次发布。

　　流行发布研究还在 2016 年提出流行发布的思路，征求行业意见，为本次发布做了充分准备，发布采纳了行业内外许多企业经营者、产品开发工作者、市场营销者的意见和建议。

　　中国针织工业协会副会长林光兴对网孔类产品进行深度诠释，对开发与应用进行解读。他指出，网眼类经编产品可以是一种单独的网眼类产品，也可以是以网眼为基本结构的许多类产品。从工艺角度看，经编网孔织物具有多样性，还与锦纶、涤纶、氨纶等化纤原料及天然纤维的应用有关，因此网眼类产品丰富多彩。

　　经编产品开发突出一些特点：一是美观时尚，二是性能优越，此外还有低碳环保等。针对这些特点，发布会提出网眼织物设计全方案，推出款式新颖的产品和丰富的产品类别。展示了不同大小网眼系列、不同厚薄系列、异形网眼系列、棉系列、弹力系列和特种用途系列等丰富多彩的网眼类产品。

近30年来，林光兴带领一批企业开展网眼类产品研发系统研究，近年来，重点研究网眼面料对服用、运动等领域发挥的导向作用，佛山市广诚经编针织品织造有限公司（简称广诚经编）是参与的主要单位之一。广东省经编行业起步较早，舒适、美观、时尚的产品源源不断，层出不穷，广诚经编等单位长期开发各类网眼面料，具有较大的市场影响力。

广诚经编董事长兼总经理陈勤根表示："经编产品提花、网眼与绒类最有特色，广诚经编创立之初就是追求特色，网眼类产品的特色千变万化。网孔设计简单易行，关键在于与其他结构的组合，关键在于通过原料的应用使织物产生良好的性能。广诚经编长期为国内外知名运动品牌、服用产品品牌提供经编面料，其中就有大量的网眼类面料。网孔结构能体现时尚，是时尚的载体，应当深入研究探索。"

与会代表认为，经编织物彰显无可替代的风格和使用性能，网孔是最具活力的编织特色。经编产品在装饰用、服装用、产业用方面不断拓展，而网孔结构的应用则在三大领域齐头并进。本次发布达到了系统介绍网眼设计方法，系统展示主要网眼类产品，提出设计与应用的主要趋势的效果。发布深刻总结网眼类产品开发的成果，为行业应用新型材料、开发新型面料（包括平布、绒布、花边、网布、弹力布等）提供可借鉴的方案（图1~图16）。

图1 超薄小网孔面料（具有透气、悬垂等特性，织物性能可以接近平实组织）

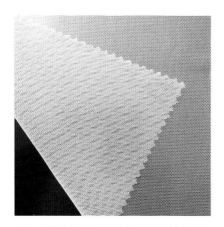

图2 薄型小网孔面料（通过密度的变化产生不同的使用性能）

图3 薄型小网孔面料（平布上有网孔分布，展示不同花纹效果）

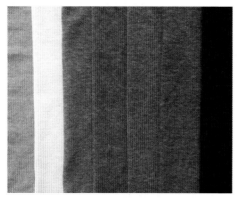

图4 超柔超薄细小网孔面料（具有良好的服用性能）

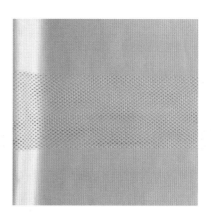

图5 网孔与平布的组合（通常用作时尚面料）

图6 网眼织物（可以是薄型、隐性、半网孔等，具有多种设计组合，加上色彩搭配使用途更加广泛）

图7 半网孔（隐性网孔）是一种独特设计

图 8　隐性网眼织物

图 9　隐性网眼织物（正反面异色）

图 10　针孔类网眼织物

图 11　大网孔织物（用途十分广泛，时尚设
　　　计在于原料、结构等的变化）

图 12　小网孔织物是永恒的时尚产品

图 13　采用特种原料编织和特殊处理的网眼织物

图 14　网孔的组合搭配（可以用同一面料，也可以用不同面料，多种色彩，为
服饰提供多种选择）

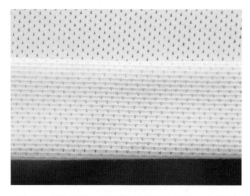

图 15　网眼织物［特别是棉制网眼织物，在舒适
时尚内衣（如汗衫类）设计中应用，具有良好的
舒适性］

图 16　棉制网眼织物制作
的时尚休闲装

2018"弹力"发布

2019/2020 弹力类经编面料行业流行趋势发布

2018 年 8 月 16 日，在广东省佛山市，2019/2020 弹力类经编面料行业流行趋势发布活动举行。经编及其相关领域的代表，院校和行业协会的代表参加。

作为首次系统的行业发布，本次发布将弹力类产品的总体流行做了综合诠释，对未来的应用进行预判。鉴于梭织、针织及其他类弹力面料各有用途，各有特点，发布重点阐述经编的特性、经编与其他面料的比较，同时从弹力类产品的销售规律和主动供给的角度进行深度诠释。

为了体现产品的代表性，专家组深入分析了来自晋江、佛山、海宁、绍兴、常州、常熟、长乐、广州的面料。

与会代表以"弹力面料设计的关键性环节"为题进行研讨。一是弹力类经编产品的研发历程，二是相关领域对于弹力类经编织物的需求趋势，三是未来弹力类经编织物的设计方案。

弹力经编面料的开发可分为短线类和长丝类、平布类和提花类、高弹类和低弹类等，还可从多维度划分弹力类织物。

维度一，从编织上分：平布弹力、提花弹力、综合弹力；

维度二，从原料上分：化纤弹力、短线纱弹力、混合弹力；

维度三，从用途上分：服饰类弹力、特种用途弹力。

　　各类面料都有成熟的生产工艺，即常规的工艺流程。原料的应用会对工艺提出新的要求，是制造的难度所在，用途最终决定制造。

　　从设计上看，针织线圈结构本身具有一定弹性，弹力纱改善织物弹性的同时，还改善针织物的其他性能。织物中氨纶纱比重的控制是织物设计的关键。

　　从品种上看，各类别弹力产品将继续跨界应用，高弹面料具有专门的用途。弹力面料的附加值较高，通常销售价格较高。具有一定弹力的面料将继续较快增长。

　　从销量上看，高档与低档产品、特殊品种规格与常规品种规格呈现"二八"效应（图1）。

图1　"二八"效应

　　图2和图3是弹力经编面料的两个实例。

　　图2中所示面料：主要原料是化纤长丝40D/48F，织物中氨纶含量超过30%，甚至可达40%、50%，机号E44（44针/2.54厘米），纵向密度20~40针/厘米，横向回缩率可达30%以上。

图2　高弹面料

图 3 所示面料：轻薄型面料由于高弹回缩产生精细化效应（表面如同纸一般细腻），可在面料上印花、作画，十分清晰。

图 3　轻薄型精细化高弹面料

2018"网眼"发布

2019/2020 网眼类经编面料行业流行趋势发布
——网眼结构任重道远

网眼类面料是纺织面料的一个特色品类，网眼经编产品的开发已成为行业关注的热点。2018 年 8 月 18 日，2019/2020 网孔类经编面料流行趋势在广东省佛山市隆重发布。针织企业和服饰、家纺等应用领域的代表，原料、机械企业的代表，院校和设计机构的专家参加了活动。主题是：丰富多彩的网孔给时尚纺织带来源源不断的灵感。

中国针织工业协会副会长林光兴做了题为《针织产品时尚设计的历程与前景》的专题报告，得到与会代表的积极响应和高度认同。报告显示：梭织、针织及纬编与经编在网孔编织方面各有所长，难以互相取代，更存在诸多互补、包容、衔接，各有特点、优势，多种方法相互借鉴则是服饰类面料和产业用织物设计应当把握的重点。网孔设计是纺织面料设计的关键，网孔类经编产品具有诸多特性，本次发布是网眼产品设计的权威性、前瞻性发布，诠释网孔设计的精髓。

在产品发布中，一是发布各类经编网眼织物的流行趋势，推介网眼类经编产品的总体趋势和实物；二是发布各种作为底布的经编网孔的设计趋势，推出多种提花网孔织物的设计方案和实物。本次发布主题是：经编网眼的应用。展示的各类网孔给完整织物设计和下游产品设计带来灵感，如四角、六角、三角和异形网眼，涤纶网眼、尼龙网眼、弹力网眼、棉制网眼，构成网眼总汇。

代表们始终把握产品的设计灵魂，围绕产品的应用展开讨论。网眼经编产品的开发，各地各有重点，但差异化、时尚化、高档化是方向。长期以来，行业协会、院校和企业对网眼类产品研究持续开展。随着技术普及的加强，棉网眼面料、网眼花边、多层结构网眼、提花网眼等系列产品的生产技术有所提升。在产品应用方面，行业协会等组织也做了许多尝试。本次发布的经编网孔技术，对于经编企业具有导向作用，对于纬编企业同样具有借鉴意义，流行发布还将继续产生导向作用。

佛山市广诚经编针织品织造有限公司董事长兼总经理陈勤根体会到："针织、梭织网孔设计应该相互融合，今天的活动把网孔设计与应用进行生动诠释，对于网孔设计的进步是里程碑事件。广诚经编在发布活动中学习了很多设计方法。经编网孔依然有其优势，从编织工艺看，简单的网孔并不一定简单，复杂的网孔并不一定复杂。服用、装饰用、产业用领域都需要经编面料，需要各种创意的网眼类经编面料，产业链间的紧密合作可能刚刚开始。"

一、原料变化

网眼经编面料主要采用化纤，应用天然纤维会带来高档、舒适的网眼面料（图1）。

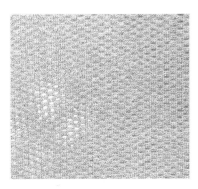

图1　棉纱在网孔编织中的应用是永恒的话题

二、性能设计

结合织物的性能特点，设计和产生各种用途的网孔（图2、图3）。

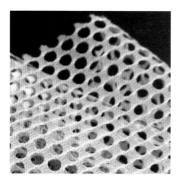 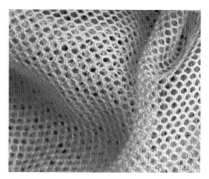

图2　质地挺硬的网孔　　　　　　　图3　质地柔软度可控的网孔

三、外观（效果）设计

经编网孔的时尚主要体现在外观，各种形状、大小和风格的网孔，以及各种质地的面料带来新的品种（图4~图6）。

 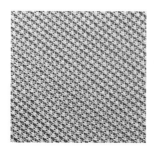 

图4　色纱编织网孔，可以形　　图5　网孔组织与条纹组织　　图6　提花或采用色纱编
　　　成各种组合　　　　　　　　　结合　　　　　　　　　织网孔组织（可以形成网
　　　　　　　　　　　　　　　　　　　　　　　　　　　　　孔组合或网孔与色彩的良
　　　　　　　　　　　　　　　　　　　　　　　　　　　　　好搭配）

四、综合设计

网眼织物与平布搭配、网眼织物与更细腻的小网孔织物搭配

（图7）；采用多种原料编织同一网眼，采用不同颜色或不同的后处理（图8）；色织网孔采用不同质地和性能的原料（图9），都是长久的设计思路。各种设计的组合是必然趋势。

图7　综合设计（一）　　　图8　综合设计（二）　　　图9　综合设计（三）

2019"网眼"发布

2020/2021 网眼类经编面料行业流行趋势发布

2020/2021 网孔类经编面料行业流行趋势，于 2019 年 8 月 18 日在广东省佛山市隆重发布，经编面料生产企业和设计机构的代表，服饰、家纺和原料、机械等相关应用领域的代表参加了发布和研讨活动。

发布会上，广诚经编等经编企业和一些设计机构推出多种经编网眼织物和以网眼作为底布的经编织物，这些织物从网孔设计出发，结合提花设计、印花设计、性能设计及最终用途设计等，充分展示经编网眼的科技含量、艺术魅力和时尚价值。行业对于网眼类经编面料的应用研究由来已久，发布会开展设计产品联合、资源共享活动。

中国针织工业协会副会长林光兴做了题为《针织产品的艺术设计》的学术报告，生动诠释针织产品工艺设计与艺术设计的丰富内涵，全面展示针织艺术学的基本框架，得到针织相关领域的高度赞同。与会代表对于梭织、针织网眼类产品在三大领域的应用，特别是装饰用和产业用领域的应用开展讨论，一致认为，网眼产品的设计应当进一步引起重视，其中经编网孔结构设计面更宽，应用更加直接，应当加强这类网眼织物应用的推介工作。网眼类产品有着潜在的商业价值，随着生活方式和消费理念的变化，这种价值将会有新的体现。

广诚经编董事长兼总经理陈勤根指出："广诚经编在把经编网孔与纬编网孔、梭织网孔进行比较和设计融合的过程中，得到设计创新的思路和产品开发的经验，因此深度理解网孔类产品的优势与特色，广诚经编网眼类经编面料在休闲、运动、家居等应用领域不断拓展。经编网眼类产品的流行研究较早开始，行业流行趋势的正式发布在业内外产生了良好的积极影响。今年发布的这五类趋势，正是广诚经编与经编相关产业链的专家共同研究的成果，希望有较好的导向作用。"

本次发布主题是：经编网眼的组织设计与时尚应用。从以下五种类型（设计方法和应用领域）对网眼进行诠释。

1. 形态类

针对时尚用途而设计的四角、六角、三角、圆形（或者接近）和异形网孔，网孔形状、大小等形态设计，包括规格和类型等，实现面料独有特征（图1）。

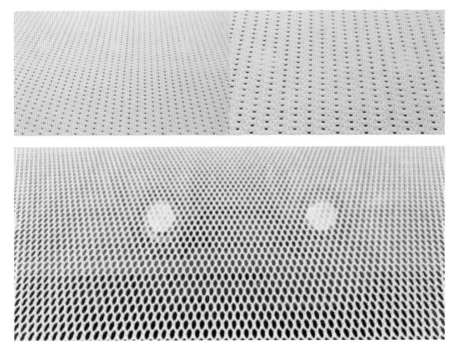

图1

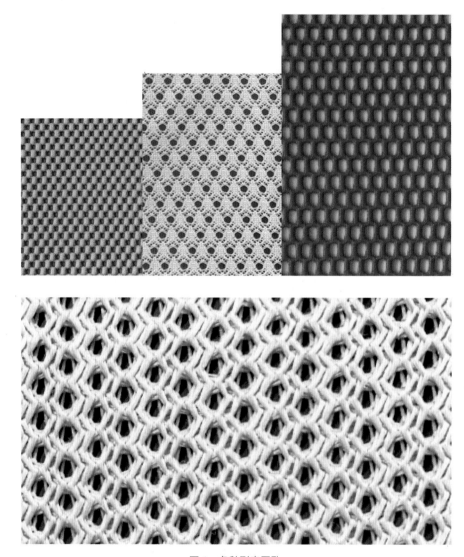

图1　各种形态网孔

2. 提花类

少梳栉提花、多梳提花的网眼结构，花边网眼结构，色织网眼结构，贾卡对于网孔的修饰、补充和美化，也包括印花、轧花网眼面料等，实现网孔的多形态提花效应（图2~图4）。

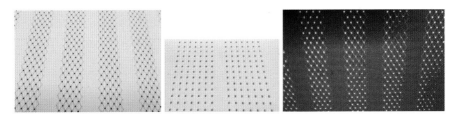

图 2　提花类网眼结构（一）

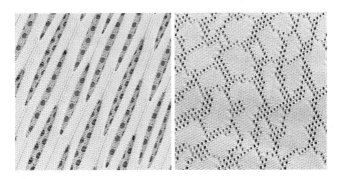

图 3　提花类网眼结构（二）

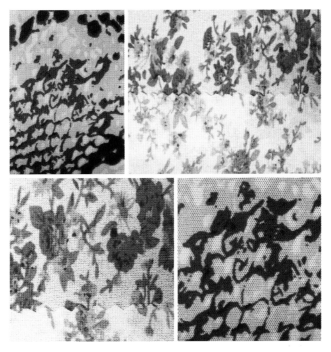

图 4　提花类网眼结构（三）

3.原料类

采用传统的涤纶、尼龙、氨纶等化纤类原料设计网眼和采用含棉、麻、毛、丝的短线设计网眼，如棉制网眼面料、毛制网眼面料、混纺网眼面料，达到舒适等突出特性的实用效果（图5）。

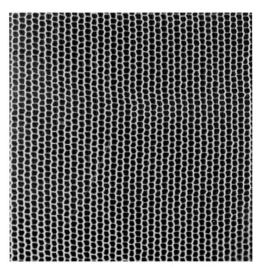

图5　不同原料的网眼面料

4.性能类

根据用途设计综合性能，弹力、变形网眼，结构稳定类网眼，满足最终实用要求，如服饰的美观与舒适要求，鞋材、箱包的稳定与外观要求，产业用品的特殊要求等（图6）。

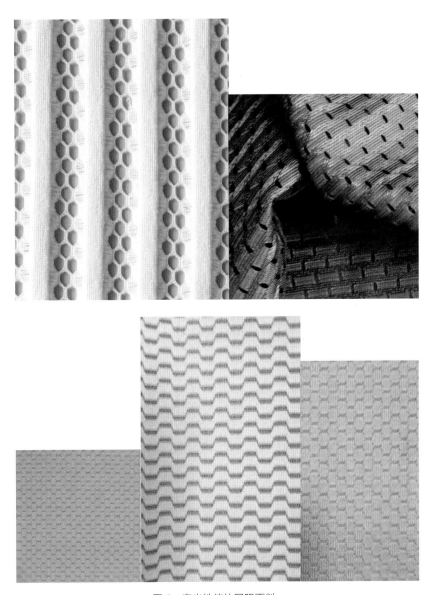

图 6　突出性能的网眼面料

5. 综合类

体现网孔的综合设计，主要途径：色彩与提花方式，结构、外观
与质地，特性与功能，化纤与天然纤维的组合。多种途径实现网孔用
途多样化（图 7）。

图 7　综合设计的各种网眼面料

2019"短纤纱"发布

2020/2021 短纤纱经编织物流行趋势发布
——短纤纱经编织物开发行业导向正式提出

短纤纱经编织物是具有较高技术含量的特色经编产品，具有较广阔的应用前景。"十一五"时期，中国针织工业协会再次提出短纤纱经编织物开发的行业规划。经过多年发展，这类产品总量增长较快，形成一定体系。

为规范产品开发，2020/2021 短纤纱经编织物流行趋势发布于2020 年 1 月 16 日在广东省佛山市举行，短纤纱经编产品研讨会同期举行。来自行业协会、行业主管部门的领导，纺织院校、设计机构的专家，服饰、原料、机械制造等相关企业的负责人，以及营销领域的代表参加了活动。流行趋势发布充分体现了产业链与市场营销的合作。

这是短纤纱经编产品流行趋势的首次行业发布，主题是短纤纱经编织物的设计改进与应用拓展。

流行趋势的研究团队来自产品研发、设计、营销和应用领域的专家，专家们经过半年的研究，推出系列时尚设计，产品包括面料及服装、装饰及网孔类、提花类、平布类产品。发布会展示了目前这类产品在高端应用领域、知名运动品牌的总体应用情况。发布会全面解读短纤纱经编织物的设计生产要点，还就编织方法、组织结构、纱线使用、机械调试及织物应用效果提出权威解决方案。

我国短纤维纱经编产品起步早，但也出现停顿，近年增长主要体现在先进工艺得到普及。优势企业的特色产品和一些高端产品市场影响力扩大，推动时尚应用。

与会代表进行深入交流，共同诠释高端设计理念。内容包括产品设计、软件应用、标准检测及智能化设计与生产的解决方案。

应用领域代表提出："短纤纱经编织物及其服饰已经带来较大的市场影响，未来还有较大市场空间，因为产品有特色、有品种、有档次。未来应该在模式创新方面下功夫，就是产品开发模式、市场营销模式。流行研究应当坚持从设计角度和市场角度有效整合资源，进一步推进设计共享和市场共享。设计是整个产品开发工作的灵魂，设计先行关键在于挖掘时尚思维，这类产品优势在材质，设计就应当围绕材质挖掘时尚应用。"

生产方面代表认为："针织行业早年开展的生产与市场走势调研，对国内外经编产品的主流色彩、款式设计、品种拓展等开展基础研究，提出一些导向。就短纤纱经编产品而言，少数优势企业从面料设计到成品设计连续推出前瞻性产品，但技术普及与市场研究相对较晚。流行趋势的发布给这类产品的设计注入活力，国内外同行应当汇聚创意设计、款式设计等智慧。"

中国纺织工业联合会资深专家林光兴指出："短纤纱经编产品未来走势，一是全面普及先进实用技术以提高产品的整体水平；二是深度开展生产与应用领域合作，拓展产品应用覆盖面，科学引导消费。发布就是'崇尚时尚设计，倡导技术引领'，为此，下一年度发布的主题应该是：短纤纱经编织物的设计完善与应用提升。"

2020 "网眼"发布

2021/2022 网眼类经编面料行业流行趋势发布

2021/2022 网眼类经编面料行业流行趋势发布会，于 2020 年 8 月 18 日在广东省佛山市隆重举行。发布会及研讨会吸引了经编生产企业、设计机构、院校的技术人员，以及机械、原料和服饰企业的代表，行业协会和行业管理等部门的领导参加活动。

网眼可分为两个方面、两种类型：一是网眼只是基础组织（即在网孔基础上进行编织），二是网眼本身作为面料。本次发布重点诠释最终面料的风格、性能，从素色网眼到各种提花、多梳，特别是贾卡网眼；从各类化纤制网眼到棉制、毛制、混纺及色织网眼；从常规网眼到各类异形网眼。从形态上看，关注结构、外观与质感，贾卡对于网孔的修饰、补充和美化等。从性能上看，关注原料性能与经编结构结合带来丰富变化，从用途多样化追溯工艺设计。

流行发布秉承设计与市场结合的理念，发布由市场专家与设计专家解读趋势。市场专家分析：从国内外消费看，网孔在服饰领域应用仍然前景广阔，因为经编网孔设计潜力较大，需求增长不明显，甚至有些品种陷入低谷，都是短期的、暂时的，重要的是行业需巩固产品开发的成果，继续积蓄力量。设计专家分析：网孔在服装用、装饰用、产业用三领域的应用设计进入低谷，例如，特种网孔设计趋于常规化，制造技术少有提升。网孔独立设计、复合设计、多元化设计，网孔性能的叠加设计，网孔的系列时尚设计，都有待织物应用的拓展。

发布团队认为："网眼类产品总体看长久不衰，得益于网孔面料性能、风格，得益于与应用对接，也得益于技术积累。一批企业多年深度开发这类产品，一是取得专利技术，拥有一批设计知识产权；二是在机台调整与操作方面，培养了技术骨干和操作骨干，这些都是财富。"

本次发布建议：①加强网孔类产品设计的分类研究，引入智能时尚；②原料应用与产品实际拓展加强结合，做到相得益彰；③产品评价方法、行业设计体系继续完善，切实科学引导市场，维护行业的可持续发展。本次发布对于特殊网孔间隔织物的工艺进行专题研讨（图1）。

图1　特殊网孔是研究的热点

2020 "棉制" 发布

2021/2022 棉制经编面料行业流行趋势发布

棉（包括各种短纤纱）制经编产品具有独特的风格和性能，长久以来是经编行业开发的重点，不同时期有不同的开发热点，近 10 年来有呈现上升之势。

国内首次产品发布活动——2021/2022 棉制经编面料行业流行趋势发布会，于 2020 年 8 月 28 日在广东省佛山市隆重举行。为了规范市场、实现技术共享，首次棉制经编面料行业技术交流暨生产与应用对接会同期举行。

发布与研讨、产销对接活动吸引了各类经编企业，吸引了纺织原料生产、机械制造企业及服饰、家纺等应用企业参加，院校和设计机构的专家及行业协会、行业管理部门的领导参加了活动。

部分企业根据专家设计，制作了网孔类、提花类、平布素色类及复合类棉制经编面料，突出风格、性能，从提花丰富变化和用途多样化，诠释棉（含短线纱）制经编产品的时尚特性，力争实现科技与时尚的更完美结合。

早期企业开发棉制经编产品经历了网眼类到平布类两个阶段，历时超过 30 年。开发过程解决原料性能、机械适应性等问题，逐步形成成熟的工艺流程，取得核心技术、知识产权。

从发展历程看，棉制经编可分为两种类型（不同生产难度与方式）：第一，几乎由棉编织，并且纱线满穿为主（即非网孔组织）；第二，含有一定比例的棉，包括网孔类。产品用途分为服装类与装饰类。

工艺节点是：棉纱性能改善—编织工艺完善—织物后整理妥善—成品，每一步都是取长补短、扬长避短、优中选优，同时用企业标准的形式，加以固定和总结。就棉制经编而言，成品设计需要注重应用造型艺术与色彩艺术构建特殊的经编艺术主体，同时采用计算机辅助设计、生产过程整体智能化，推动产品提升。

行业资深专家林光兴强调，行业要继续普及先进实用技术，引导具有基础性能、提升性能的产品开发，应用工业设计与时尚设计完善棉制经编产品，维护行业的可持续发展；要完善制造与产品标准，以及成品评价体系，切实科学引导市场消费。可以从需求倒推产品开发，从中改进设计，实现产品丰富多样。

与会代表希望继续深度开展此类活动，建议针对一个专题开展技术对接，形成交流协作机制。

2021"网眼"发布

2022/2023 网眼类经编面料行业流行趋势发布

从认识网眼到拓展网眼，到认知"网眼也时尚"，再到追逐时尚的网眼，网眼类经编面料流行趋势发布经历了几次提升。

2022/2023 网眼类经编面料行业流行趋势发布会于 2021 年 8 月 26 日在广东省佛山市举行，来自经编织造和服装、装饰品生产与经营企业的管理人员和技术人员，服饰品牌经销商的代表，研发设计机构的专家参加了发布活动。

发布以"无限的网眼——经编网眼融合设计的趋势"为主题，诠释网眼类产品的色彩应用、结构设计、性能完善和协同织造趋势。

发布会上，一批优势企业对网眼类经编产品在服装用、装饰用及产业用领域的体系应用做了工艺及部分样品展示。产品从技术进步和原料应用趋势角度，对于大网孔、小网孔织物，六角形网孔、方形网孔、特殊网孔，薄型、厚型和常规厚度的网眼织物，以及以网孔为基础组织的经编织物进行生动诠释。

采用经编面料的服饰及其他制品的生产企业认为："网眼类经编面料一直是经编服饰、佩饰和相关产品采用的重点，未来在原料的应用和结构的变化方面依然是重点和关键。第一，开发网孔产品应当考虑原料拓展与设备提升；第二，提升网孔产品应当加大产品应用的研究，进行主题性研究。"

差别化、功能性纺织原料，新型及特种化学纤维在网眼类经编面料中的开发应用不足，网眼类针织产品未能体现原料的技术进步，必须加大原料在这一领域的应用开拓。

一些设计工作室和企业展示的不同大小网眼系列、不同厚薄系列、异形网眼系列代表流行趋势，产品的时尚性引领行业，产品丰富多彩，应用前景可期。

两大产品主题都有一定进展：一是体现美观时尚与优越性能，二是体现制造与使用的低碳环保（图1、图2）。

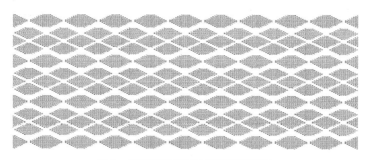

图1　体现美观时尚的网眼类经编面料

图2　体现低碳环保的网眼类经编面料

2022/2023 短纤纱经编织物流行趋势发布
——短纤纱经编织物的设计完善与应用提升

短纤纱经编织物的技术含量较高，产品开发难度大，参与开发的企业逐渐增多。2021 年 12 月 12 日，2022/2023 短纤纱经编织物流行趋势年度发布在广东省佛山市举行，本次发布采取线上与线下相结合的方式进行，开通网络直播。国内短线纱经编产品开发较为成功的单位和服饰、家纺等应用领域的企业，还有机械、原料、配件等相关企业参加了活动。

发布继续推出自主技术制作的网眼类、提花类、平布素色类、复合类棉制及其他短纤纱经编织物的最新成果，推出时尚应用的趋势和高端化应用的理念。部分企业根据服饰设计师和经编工艺师的设计方案，利用先进技术试制出风格、性能各异的多系列面料，部分试制品在市场发挥着导向作用。

线上与线下围绕技术工艺路线和市场需求趋势展开研讨。提出工艺开发关键节点：改善棉纱性能—完善编织工艺—妥善进行后整理—推出尽善织物，每一步都可以做到取长补短、扬长避短、优中选优。构建特殊的经编艺术主体，同时采用计算机辅助设计、生产过程整体智能化，推动产品品质提升。

早在 20 世纪 80 年代，经编行业试制的网眼类、提花类和一些平布类短线纱经编织物取得较大成功，产品推向市场，特别是推向国际市场。后来，产品细水长流，生产技术持续整合。随着原料、机械适应性不断改善，织物设计可以从需求方做起，产品在丰富多样的同时做到性能优越。

根据中国针织工业协会原专家委员会 1996 年提出的开发思路和方案，经编行业第一阶段要在 2015 年完成经编大类产品的研制，并且通过技术普及和产品推广，有多数品类的产品走向消费市场；第二阶段要在较长的时期内实现各类短纤纱及特种纱线原料的经编体系开发，全面推进各类经编产品的时尚性、舒适性、品牌化应用。第一阶段目标已经实现，第二阶段目标正在逐步实现。

继续深入探讨棉制或者短纤纱经编产品开发的传承与创新：

1. 从编织技术层面

沿用实用编织技术，拓展多种原料，结合智能生产，提高生产水平。编织技术的基础普及还需常抓不懈，必须防止和减少行业重复研发的问题，棉制经编领域就是一个实例。

2. 从产品设计层面

从应用的角度，加大产品的时尚设计，赋予产品更加实用的性能，继续提升产品。产品设计应当弘扬原有行业设计留存的精华，切实做好基础实用工艺的推广，推动关键技术提升。

3. 从消费引领层面

推介产品用途，以性能优越的产品实现对市场形成更加高效的供给。市场推广必须坚持开发与需求结合，与品牌培育结合的原则，继续坚持从终端需求倒逼制造完善的原则。

图 1 所示是 20 世纪 80 年代末开发的短纤纱经编试制过程的织物。

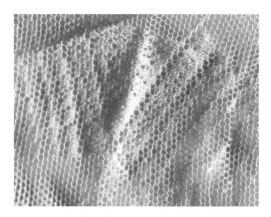

图 1　20 世纪 80 年代末开发的短纤纱经编织物